日本三大名醫×解密非常識健康法

提升免疫 戰勝疾病

打破偽常識，啟動人體防禦自救力！

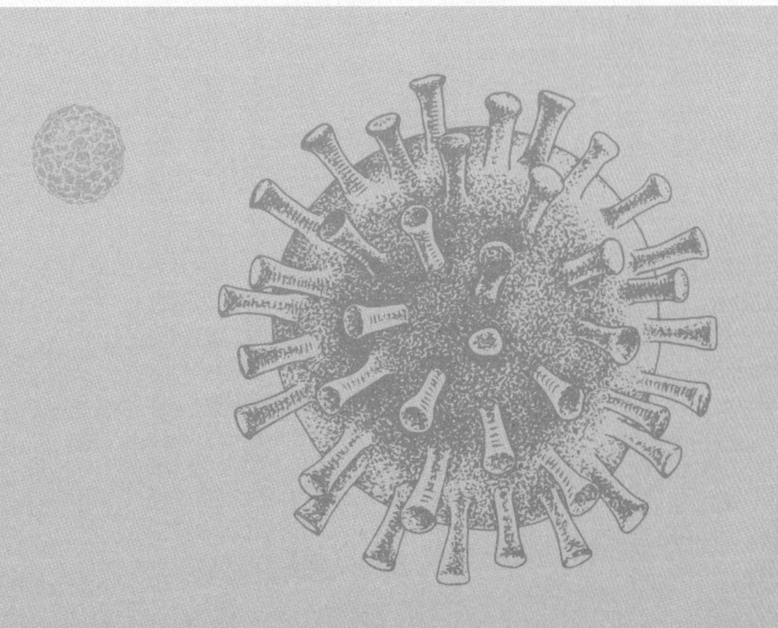

安保徹、石原結實、福田稔 著　連程翔 譯

推薦序

不用接觸醫療，健康長壽過生活

台北醫學院首屆資深藥師
吉胃福適、無毒的家　創辦人
王康裕

本書談的是「放棄傳統的醫學常識就不會生病，即使有病也會痊癒」，乍聽之下有點詭異。但是如果仔細研究，就會發現對照於目前慢性病蔓延，醫院的病床爆滿，醫療費用幾乎拖垮政府預算的現象，實在有其邏輯。

本人自24歲從北醫藥學系畢業後，接觸並投入西藥及醫療這個行業多年，在58歲時創立「無毒的家」，才正式有機會接觸到所謂的「整合醫療」，也就是類似本書非常耐人尋味的書名《人體免疫抗病醫學書：打破偽常識，啟動防疫自救力》。

十年來，不斷地進修、教學、體驗及分享，讓我在人生的後段，接近70歲時，真正感受到「非常識醫學」所帶來的不吃藥的健康生活。

本書在日本出版時，造成很大的轟動！安保、石原及福田這三位名醫共同執筆這本傑作，有人比喻就像世界知名的三大男高音共同登台演唱的魅力。

這三位極具知名度及公信力的大師，各具專長及經驗，擁有豐富的正統醫療及自然療法的臨床經驗，以及不偏不倚的免疫觀念，並且貼近自然法則。

三個人都忙於看診及演講，但是同時也很懂得放鬆及舒壓。

石原會找機會舉重及晚餐時小酌一

番；安保酒酣耳熱之際會快樂地唱「鳥取沙丘」；福田的「仙骨按摩」，讓他一覺到天亮。

世茂出版有限公司邀請本人審校書籍時，我存著感動及感謝的心情欣然接受，逐字地拜讀並藉機體會及執行，效果非常顯著！

特別是泡露天溫泉，仰天做腹式深呼吸時，最有感覺到副交感神經所帶來的幸福感。

本書將三位大師在醫療及養生領域的專業經驗，歸納濃縮具有「1+1+1>3」的相乘效果。

書中列舉一些流行的疑難雜症，製作圖文並茂、淺顯易讀的分析及建議。

另外，三位大師皆有一篇專文探討「萬一我罹患癌症」，最值得一讀！

最後，再次感謝世茂出版有限公司，在此聞癌色變的時代，能適時地推出這本每個家庭必備的養生參考書。願大家都能過著不用接觸醫療的健康長壽生活！

請同赴神愛醫學Agape Medicine的盛宴吧！

台北榮主診所團隊醫療總監
吳光顯　醫師

在書中，安保徹、福田稔、石原結實三位功能醫學醫師，提出了12點「非常識」的理論與方法，可幫助大多數人從疾病或是亞健康中恢復至健康。

症狀是身體健康狀態的警報系統亮紅燈了，小症狀不應該被忽視。症狀也是身體在努力使失衡恢復平衡的一連串反應，身體內輕微的不平衡，都可能造成未來嚴重疾病的發生。

這種生理「漣漪效應」，即是由小小的不平衡造成生理性的連鎖反應，最後導致健康狀況的衰退、慢性疾病，和惡質性疾病。

藥物無法真正治癒疾病，只能抑制疾病所產生的症狀。以「自律神經免疫理論」來說，是會讓交感神經緊張而生病的人，會把從醫院帶回來的藥確實地持續服用，反而是這種認真的態度進一步導致因藥物所帶來的醫原性疾病。

因此「神愛醫學Agape Medicine」是以順神應人的積極方式，讓身體自行痊癒的無傷害 (do no harm) 原則，去維持其身體器官的功能，而非消極地看待、等待疾病或症狀的發生，再做一連串建立在恐懼、害怕上的「治標不治本」，且帶來傷害（do harm）的醫療方式。

本書中所提的灼見，正是對「神愛醫學」的再次明証，祝福讀者們像《聖經．約翰三書1：2》所提「親愛的朋友啊，我願你凡事興盛，身體健壯，正如你的靈魂興盛一樣」。

預防勝於治療，健康才是財富！

許醫師自然診所負責人
許達夫　醫師

環境汙染越來越嚴重，生病的人越來越多，絕大多數人生病之後都到正統西醫接受治療，但是卻越治療越惡化。本書三位名醫清楚指出95％疾病可以自行療癒。

在書中建議很多養生、健康、飲食之道，如生薑紅茶、紅蘿蔔蘋果汁、糙米濃湯等等優良食材；同時提醒大家注意自身精神的飽滿、情緒的控制。

預防勝於治療，不僅一般民眾，尤其是忙碌的醫師們，更要隨時注意自己的生活起居、飲食運動，畢竟健康才是財富！

提供居家最即時適宜的醫療參考！

李璧如中　醫師

本書許多說法與中醫不謀而合，比如「疾病是交感與副交感神經失衡所致」（中醫認為肝鬱氣滯，久而成淤結瘤致癌），「身體發冷是百病之始」（中醫主張溫養陽氣）。然因作者採用現代醫理與病理為基礎的敘述方式，深入淺出，舉證解析清楚，讀來毫不生澀。

三位西醫師取法自然，從「全人」觀點切入，不僅著於眼醫理、病理，更提供心理層面與食療、生活起居的建議，全方位的診治架構，儼然紙本家庭醫師，提供居家最即時適宜的醫療參考！

前言

本書是三位致力於治癒疾病的日本著名醫師，集結畢生的行醫經驗與治療法，冀望能對因疾病而苦惱的病患及家屬有所幫助，所特別企劃出版的健康醫療書籍。

這三位醫師在所學的西醫醫學之外，以驗證的精神，研究發展出自我的非常識醫療理論。

針對西醫醫學所產生的各種問題，包括過度依賴藥物、對症治療方式的疑問、診斷疾病的方法、飲食生活和運動的重要性等等，運用他們廣泛的觀點，為診斷疾病、健康的維持與增進方面提出建言。

安保徹醫師透過研究得到各式各樣的臨床報告，發現疾病是交感神經與副交感神經失衡所引起的「自律神經免疫理論法則」。

石原結實醫師研究中醫和自然療法，探求出疾病的成因為水毒、虛寒和燥熱，並提倡「胡蘿蔔蘋果汁」的斷食療法。

福田稔醫師和安保徹醫師共同研究自律神經免疫理論，要改善血和氣的流動，可藉由「自律神經免疫療法」，並結合在家裡也能做的指頭按摩療法。

經由這三位醫師的各別理論與方法，大多數人都可以自行維持健康。

這三位醫師各有獨到的見解，雖然在醫學界中被稱為「非常識理論」，動輒遭受否定，但拜讀過這三位醫師的書籍而重返健康的病患，卻給出極大的好評。

在日本所有健康類書籍中，暢銷的代表作品，就是這三位醫師的著作，而這本書更是有史以來首度由三位醫師共同合著的書籍。

本書是三位年齡、體質和性格迥異的醫師，根據各自過去的經驗，並針對各疾病不同治療方法所研發出來的系統。

閱讀本書的所有讀者，可以參考這三位醫師的共通點、相異點、著力點，再根據自己的狀況，搭配組成簡單的方法，一步步調養自己身體的健康，這樣就可以愉快地度過健康的每一天。

同時希望本書是可以讓每位家庭成員都容易了解的醫學書，並成為有助於預防疾病的實用書。此外，更希望本書是讓想要恢復健康的病人做為參考的治療書。

如果有一天所謂的「非常識思考」可以被視為是常識，讓大家開始意識到自身所擁有的治療疾病的能力，那會是多麼幸福的一件事。

在此特別感謝三位醫師的攜手合作。

編輯部

安保 徹

［研究家］

◉想要成為治癒疾病的醫師

我憧憬野口英世，因而以成為醫師為目標，但在醫科學生時代，我所負責的癌症病患生還率為零，我因此對這種無法治癒疾病的現代醫學深感絕望，遂踏上研究免疫學的道路。

我以成為治癒疾病的醫師為目標，卻面臨到無法治癒疾病的困境，造就成今日自我的原點。

無論遭遇多少次挫折，我都是以自己的身體來確認心理、壓力與健康的密切關係。不過分地勉強自己，也不發怒，這樣心的調節才能正常運作。

◉所有事情都要自己先嘗試看看

從免疫學研究開始，我一直都是採樣自己的血液來確認白血球的狀態。

即使是我的研究室起火引發火災，並延燒到其他研究室，身處在這種兩難處境的情況下，我都還在做免疫學研究，了解自己身體的變化。

任何地方，只要稍有線索，我都會仔細聆聽別人的說法，並且親身嘗試以確立理論。

作者小檔案

醫學博士，1947年出生於日本青森縣，畢業於日本東北大學醫學院。日本新瀉大學大學院醫齒學綜合研究科，免疫學、醫療動物學領域的教授。1980年在美國阿拉巴馬大學留學期間，完成「對抗人體NK細胞抗原CD57的單株抗體」的研究，並命名為「Leu-7」。1989年發現「胸腺外分化T細胞」。1996年發表「自律神經控制白血球結構」等諸多發現震驚全世界，是世界知名的免疫學者。

石原 結實【實踐家】

◉**世代傳承的中醫世家**

我的先祖在八代之前開始，歷代都是擔任種子島的御醫，可以說是中醫世家。

我自日本長崎大學醫學院畢業後，進入大學的血液內科。在大學醫院和原爆醫院內，要診療許多有原爆後遺症的重症病患，還要為了殺死惡性細胞而混合三、四種抗癌藥物，進行所謂的多劑投藥。

但這樣做不但沒有什麼療效，反而讓白血球和血小板逐漸減少，最後病患因肺炎和大量出血而死亡。我因而對這些治療方法和醫療行為抱持著懷疑態度。

◉**斷食療法增進健康**

我曾在世界上第一個自然療法醫院——瑞士畢切．貝納醫院，對一些罹患疑難雜症的患者進行胡蘿蔔汁治療的研究。後來又到高加索地區的長壽村學習健康的祕訣。

我50年前就開始在日本伊豆地區開設養生所，提倡不吃東西的斷食療法，利用胡蘿蔔蘋果汁、喝生薑紅茶來消除水毒與虛寒體質。這些方法都讓許多人重新恢復了健康。

作者小檔案

醫學博士，1948年出生於日本長崎縣。日本長崎大學醫學院畢業、修完日本長崎大學大學院博士課程。曾在以長壽著稱的高加索地區（喬治亞共和國）專攻血液內科，以及在瑞士研究最新的自然療法。現為石原診所院長，同時主持在日本伊豆地區以健康增進與改善為目的的「斷食道場」。在這裡有數十萬人以上「胡蘿蔔蘋果汁斷食」的體驗者，也有許多社會知名人士參加。在電視節目、廣播媒體等等的健康節目中，被公認是解說最容易讓人理解的醫學實踐家。

福田 稔

［治療家］

◉**運用「面診」觀察病患**

最令我尊敬的人是江戶時代後期的水野南北。他是觀察面相的創始者，只要默默坐著就可以從面相斷言一個人的未來。

雖然我沒辦法做到像水野南北一樣厲害，但是我會藉由用心在「診斷、聽診、觸診、問診」上，努力掌握患者的病狀。

我會仔細觀察患者的面貌及氣色，身體狀況有哪裡不舒服？藉由聆聽患者的敘述、碰觸患者身體，來了解患者手腳的溫度，確認生活上的壓力狀況。即使是微不足道的小細節，都是重要的判斷依據。

◉**經常以謙虛的態度來面對疾病**

我的專業是針對消化系統疾病的胃癌、大腸癌和盲腸炎等方面的外科治療，是用手術切除掉不好部分的外科醫師。雖然我認為經由手術可以治癒疾病，但一兩年後有半數以上的患者會再復發，其中又有八到九成會死亡。對於這種無法提高存活率的現況，以及手術過後的後遺症，我抱持著相當大的質疑。

我知道生病的原因是自律神經紊亂、血液循環不良與免疫力低下所引起，因此我辭去了外科醫師的職務，一心鑽研刺絡療法的治療。我自己也曾有因過勞而罹患重病及憂鬱症的經驗，所以更能鑽研出對身體有效的治療方式。

身為外科醫師，對於醫師在治療疾病時，
往往會有急躁的態度而深自反省。
醫生的支持對治療疾病有5％的幫助，
而患者的想法對治療疾病
卻有95％的功效。
因此隨時告誡
自己要保持謙虛。

「氣色」、「面貌」、
「心情」、「食慾」、
「排便」、「體溫」，
只要坐下聊聊，
就能正確抓出病況！

!

作者小檔案

1939年，出生於日本福島縣，日本新瀉大學醫學院畢業，日本福田醫院醫師。日本自律神經免疫治療研究會理事長。1967年進入日本新瀉大學醫學部第一外科。自從1996年解開「晴天會引起盲腸炎」之謎後，就與闡釋「自律神經控制白血球結構」的安保徹醫師共同進行研究。利用井穴和頭部刺絡療法，再搭配上獨家的研究，確立了可以提高免疫力來治療疾病的自律神經免疫療法。發展出深具療效的髮旋療法，並藉由親身實證，建構出治療方法的基礎。

目錄

第三章　身體的訊號 ……153

症狀就是身體發出的改善訊號

第四章 吃出生命力

肌肉運動，氣、血也會跟著動

特別聲明

本書三位作者所提供面對疾病的建議與方法，並不試圖取代主流醫學。讀者在閱讀本書後，若決定採行書中的任何方法，請務必先經過自己的審慎評估與取得專業醫師諮詢。若決定停止任何目前所接受的療法，也請務必先與專業醫師討論。

本書盡力提供最完整與正確的訊息，如有缺漏、不精確之處，作者與出版公司將虛心接受批評指教。

第一章　非常識的真義

非常識正是
通往健康的捷徑

不屬於常識的非常識！

消除和治癒疾病，

是我們的信念。

非常識1

長期過度服藥反而招致疾病

◉藥物無法真正治癒疾病，只能抑制疾病所產生的症狀

越是認真的人，越容易生病。而不認真的人會知道要放輕鬆，並自我調整步調，也就是說他們知道如何「On & Off」，切換解除壓力的開關。

認真的人，再小的事情都會用心思考，埋頭苦幹，一步一腳印。雖然這種性格廣受好評，但是以我的自律神經理論來說，是屬於交感神經緊張而容易生病的人。而且在生病之後，會確實地持續服用從醫院帶回來的藥。正因為是確實地服用藥物，所以即使身體狀況好轉，仍會持續服用，也就是這種認真的態度，進一步導致過度服用藥物而帶來疾病。

了解藥物本質是一件非常重要的事。在以往不像現在醫學這麼發達的年代，藥物是採取天然植物煎熬而成，對治療疾病有很好療效。西元七世紀，日本飛鳥時代在藥師寺設立附屬藥用植物園，到十九世紀幕末時期，栽種來自世界各國的有用植物，發揮了相當大的功效。

二次大戰後，人們開發出藥效強的抗生素和類固醇這些化學合成藥物，不但療效驚人，而且性質和以往的藥物完全不同。

這正是產生無論何種疾病，藥物都可以治癒，有病要找醫師治療等，這種錯誤觀念的開始。

然而，近來卻出現因使用過多抗生素導致腸內細菌壞死、使用類固醇引發促進老化等等案例，藥物的危險性和副作用逐漸浮出檯面。

藥物只是停止疾病的症狀，減緩和抑制病情而已，有些人卻在身體狀況良好的時候也每天認真服藥，殊不知這就是導致慢性病的原因。藥是百害而無一利，重要的是使用藥物的方法。面對疾病束手無策的時候，可以服用約一兩週的藥物，如果超過這個期限就不是好事。長時間服用藥物會對身體造成負擔，進而使疾病變成慢性病，導致最後沒有辦法治癒，只能持續生病和不斷往返醫院。所以請不要過度認真服用藥物。

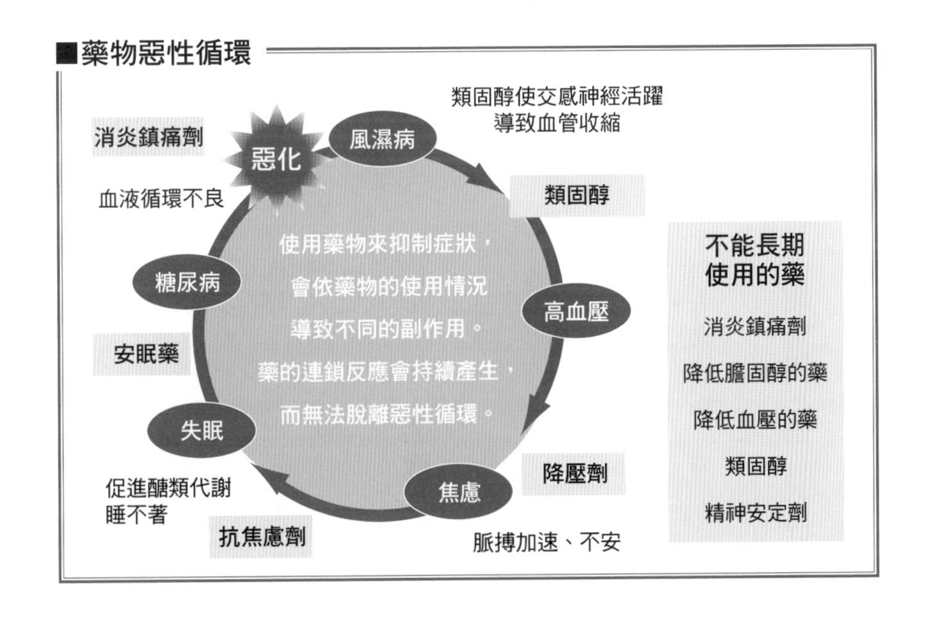

◉找出生病的根本原因

疾病的成因，並不單單只是像吃東西引發食物中毒這麼單純的事。

過去好發於成人身上的疾病——通稱為成人病的糖尿病和高血壓——就是長時間生活習慣的累積所引起，因此被冠上「生活習慣病」之名。而癌症的「癌」這個字，一看就知道它是個像石頭般堅硬的東西，是不斷堆積成山般的疾病。

要長到在醫學上能被發現的大小，1公克左右的腫瘤，需要花10～30年的歲月累積成形。

許多疾病並非一天就可以形成，所以原因不會很單純，因此即使利用手術切除癌細胞、服用藥物治療高血壓，也無法根本地解決疾病。

生病的原因因人而異。在病患本身的飲食、運動、生活方式的生活習慣中，挖掘引發疾病症狀的起點與原因，並努力消除這些不良的生活習慣後，疾病大多容易好轉。

但因為病患去醫院的目的，多少希望能夠改善病痛的症狀，所以暫時消除病痛的對症療法有時候也很重要。然而，對病患說明引起疾病的原因，醫師和病患共同實行改善的方式，這才是真正的治療醫學。

雖然在肩膀僵硬處貼藥膏是很簡單的一件事，但是從長遠來看，肩膀僵硬的根本原因在於血液循環不良，所以醫師應該教導病患做些能改善血液循環的運動。

所有的動物和人都一樣，一旦生病，都會出現發燒和食慾不振的症狀。而這些都是為了要治療疾病，促使身體提高體溫和稍微減少飲食的重要本能反應。

我認為會告訴我們這些事情的醫師，才能稱得上是所謂的好醫師。

■除了服用藥物以外的根本治療法

症狀	治療法
肩膀僵硬	進行改善血液循環的體操和運動
心律不整	避免過量攝取水分
便祕	按摩和飲食
高血壓	強化下半身的肌肉（快走）
憂鬱症	溫熱身體和樂觀積極的生活態度
疼痛	冷或熱療法

身體排毒是自癒力的基礎

◉慎重對待發燒、疼痛、發抖、腫脹、濕疹、發癢、腹瀉、發汗等反應，有助治癒疾病

從體內排出許許多多東西的時候，為何我們會對這些排出來的東西感到不安呢？往往是因為我們覺得還是不要排出來比較好。對於肉眼可見的問題和令人煩惱的排出物等，我們往往敬而遠之，但其實仔細想想，能夠排得出體外還是比較好的。

為了要排泄，身體會打開許多孔穴。皮膚、眼睛、鼻子、耳朵、嘴巴、肚臍、陰道、肛門，連結身體內外的無數個連結孔穴都會打開。

當然，無論好的或壞的物質都會經由孔穴進入體內，但對身體有害的物質和老舊廢物也會經由孔穴積極地排泄。這就是生態系維持的習性，是生物體所具有的、稱為「恒定性」的調整機能。這就是身體會想盡辦法把有害物質排出體外的機能，是自己能修復自己的自然治癒能力。

疼痛和腫脹都可藉此排出功能恢復血液循環，並使疲勞的肌肉恢復原本狀態，屬於治癒反應。雖然會不舒服，覺得好像受傷了，但這並非是病情惡化。因為肌肉會產生乳酸等疲勞物質的累積，導致血液循環不佳，為了改善身體的血液循環狀態，感覺神經就會產生過敏反應，使乙醯膽鹼、前列腺素和組織胺等分泌增加，引起疼痛和腫脹。

無論是過度呼吸的顫抖，帕金森氏症的抖動症狀，或癲癇發作的抽筋，發抖都是為了改善腦部和體內血液循環所產生的反應。

感冒發燒到38或39℃時，是身體本身盡可能地排出體熱，導致體溫上升，並且讓淋巴球盡量增殖，和病毒戰鬥所引起的反應。

腹瀉、出汗、濕疹也都是身體把不需要的物質向外排放出去的現象。皮膚排泄所產生的現象是皮膚炎，呼吸器官排泄所產生的現象是打噴嚏、流鼻水，而哮喘的產生則是身體本身排出毒素的反應。

如同日本自古流傳下來的習慣，會在節分撒豆子時大喊「鬼出去、福進來」，我想，能把像鬼一般不好的物質排到身體外面，身體內部才會有福氣。

■治癒反應

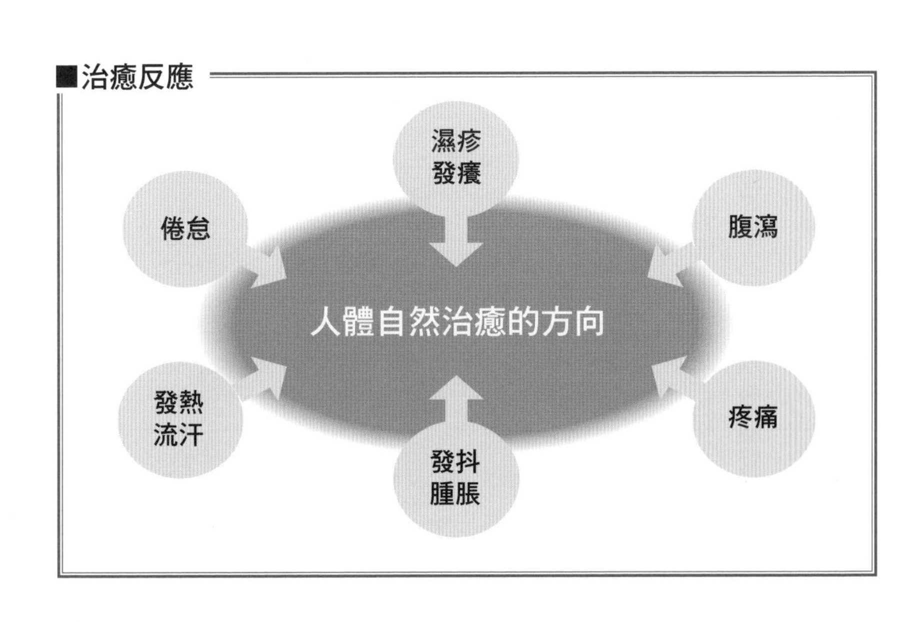

壓力過大和體溫偏低是萬病之源

不管現代醫學進步到什麼程度，令人感到遺憾的是，疾病完全沒有減少，反而原因不明的疑難雜症依舊持續增加。

影響免疫系統的是自律神經，是一種不受腦部指令所產生的人體自律活動，也是調整心臟、血管、腸胃、汗腺等等器官組織運作的神經。

自律神經分為交感神經和副交感神經兩種。日常生活和活動的時候，占優勢的是交感神經；但在飲食、夜晚和休息的時候，則是副交感神經占優勢。因此，健康的祕訣就是如何讓這兩種神經在維持良好的平衡狀態下運作。

生病的原因是身心壓力引起自律神經失衡所致。過勞、煩惱，還有藥物，都是會讓交感神經緊張的一種壓力。一旦交感神經過於緊張，身體會分泌腎上腺素使血管收縮，導致血液滯留而引起全身性的血液循環不良。此外，白血球中帶有腎上腺素受體的顆粒球增加，釋放出大量的自由基，完成任務之後，會在黏膜破壞組織，引發炎症。

相對地，副交感神經占優勢、過度輕鬆的生活，會導致分泌乙醯膽鹼使血管擴張、促進血液循環，身體變得需要大量的血液，因而引起循環障礙。

不管是哪一種，因為血液和免疫息息相關，所以血液流動一旦變得不佳，就會造成低體溫狀態，免疫力自然也會隨之下降。體溫只要下降1℃，代謝就會降低12％，免疫力也會下降30％。因此可以說，寒冷是萬病的根源，如果體溫較低，再加上若容易陷入負面思考，就更容易招致疾病。

正因為體溫偏低是招來疾病的原因，所以如果能夠稍微提高體溫，較能過不生病的健康生活。而能維持健康身體的最適當體表溫度是在36.5℃左右，此時腦和內臟等人體內部的體溫是在37.2℃左右，運作活躍。體溫偏低的人如果可以讓身體的內部溫暖起來，身體就會變健康。

■導致體溫偏低的行為模式

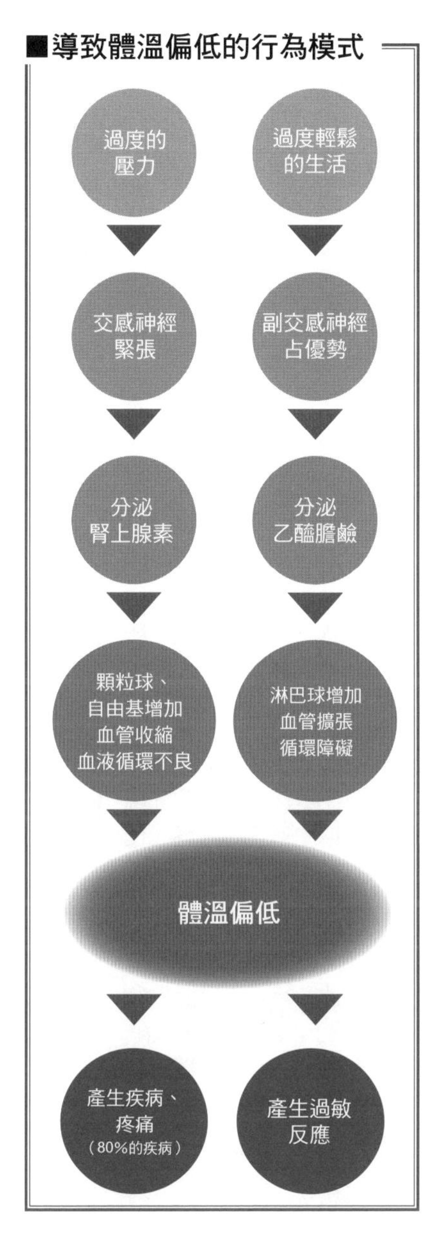

◉攝取水分雖然會讓血液變得清澈，但易造成水分排泄問題

每天攝取2公升的水，血液會變得比較清澈，所以現在每個人都會隨身攜帶寶特瓶補充水分。大家深信，只要多喝水，身體就會變健康，簡直像一種信仰般傳播開來。

這是因為經常占據十大死因第2、3位的是心肌梗塞和腦梗塞，為了預防血栓發生，政府相關單位特別指導大家要攝取水分，導致大眾對於喝水產生迷信。

腎臟的功能是調節體內水分，喝了許多水自然會排出尿液，沒喝水的時候尿量會變得比較少，這樣才能維持體內的水分平衡。因為腎臟可調節體內水分的量，所以實際上體內水分的量幾乎沒有改變。

的確，水分對身體而言相當重要，但更重要的是如何能夠排出所攝取的水分。我認為，如果喝太多水卻排泄不良，會引發許多疾病。若攝取過多水分而累積在體內，會導致身體狀態變差，中醫將這種狀態稱為水毒。

血液中的水分一旦變得太多，整個血液的量也會隨之增加，而為了推動大量的血液，血壓就得升高，因而引發腦出血。

無法排泄出去的水分，會導致身體發冷，並引起打噴嚏、流鼻水、腹瀉、偏頭痛、嘔吐等症狀。

如同異位性皮膚炎一樣，人體皮膚會長出濕疹來排泄多餘的水分。而血栓和膽結石

也是因為身體變冷、變硬所形成的。

水分可以活化副交感神經，使身體維持正常運作，而且有助於身體放鬆。但是過多的水分會稀釋胃酸，導致消化不良，所以攝取水分應該要適量。

現代人的鹽分攝取量比以往少，但水分攝取過多容易有水毒症狀。有水毒症狀的人，要盡量多食用能溫熱身體和排泄水毒的食物。

■水毒症狀的特徵

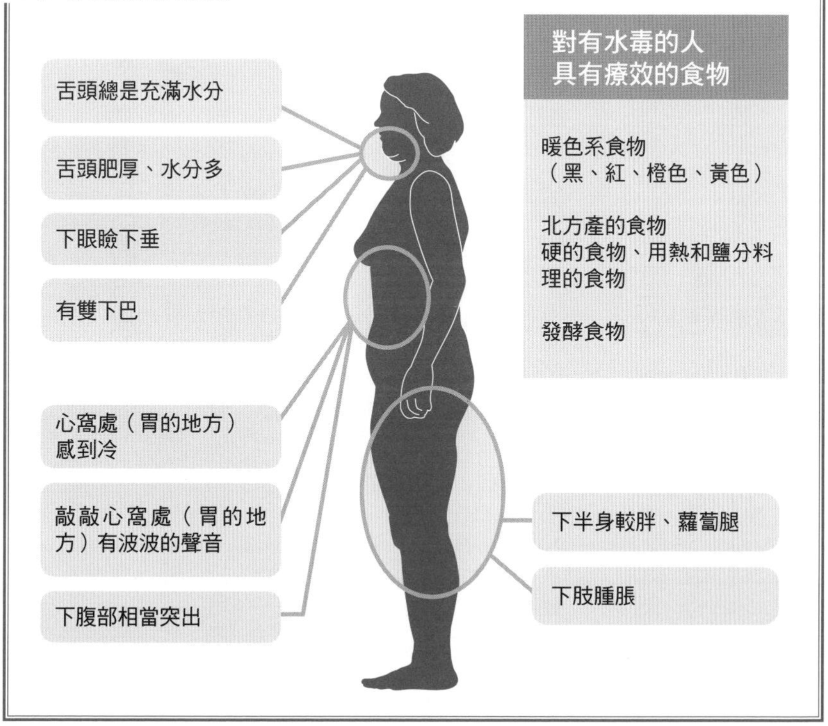

舌頭總是充滿水分

舌頭肥厚、水分多

下眼瞼下垂

有雙下巴

心窩處（胃的地方）感到冷

敲敲心窩處（胃的地方）有波波的聲音

下腹部相當突出

下半身較胖、蘿蔔腿

下肢腫脹

對有水毒的人具有療效的食物

暖色系食物（黑、紅、橙色、黃色）

北方產的食物
硬的食物、用熱和鹽分料理的食物

發酵食物

福田 稔

非常識6

白血球分類計數檢查的重要性

◉發現身體有異狀，一定要去做身體檢查，掌握自己的免疫力狀態

以前所謂的檢查，是去任何一家醫院都可以做的白血球分類計數檢查。拜現代醫學進步所賜，現在可以進行更精密的檢查。透過腫瘤標記、細胞檢查可以收集到更詳細的資料數據，所以現在一般都不做白血球分類計數的檢查。

檢查的方法是在具備白血球分類計數檢查的機構，採取血液之後，用自動血球數裝置來測定。血球分為嗜中性球、淋巴球、單核球、嗜酸性球和嗜鹼性球五種，但是這個檢查會更進一步地分類測定嗜中性球的帶狀中性球與分節中性球。

重點在於淋巴球和顆粒球（嗜中性球、嗜酸性球、嗜鹼性球）所占的比例。自律神經平衡且運作良好的時候，血液每1立方毫米（mm³）含有5000～8000個白血球。顆粒球和淋巴球的比例是，顆粒球54～60％：淋巴球35～41％。如果能維持這個比例，表示本身免疫力良好，可治癒疾病。

許多疾病都是由自律神經失衡所引起。交感神經處於過度緊張狀態所引起的疾病占40％，副交感神經佔優勢所引起的疾病占40％，剩下的是未知疾病占20％。改善疾病的目標是讓淋巴球的比例占35～41％，而數量是1800～2000個／立方毫米以上。淋巴球數量超過2000個／立方毫米，疾病的症狀可日漸改善；淋巴球數量維持在1800個／立方毫米左右的程度，疾病的症狀或許會好轉，但也有和癌症共存的可

能。但若淋巴球數量在1800個／立方毫米以下，疾病的狀態就會很不穩定。

白血球分類計數檢查在任何醫院都可以進行。在日本，如果適用於健康保險，需要花數百日圓。但是如果只檢查白血球像，自費負擔要2000～3000日圓左右。相較之下，白血球分類計數檢查比較便宜又經濟，甚至對身體也比較沒有負擔。

每3個月做一次大致的檢查，讓醫生看檢查報告，有助於治療的診斷，而且病患也能掌握自己自律神經的平衡和免疫力狀態。

淋巴球不增加的時候，會使交感神經處於緊張狀態，醫師必須設想並探詢患者有關壓力、睡眠不足等原因，努力找出讓副交感神經占優勢的方法。

癌症患者常常會隨著腫瘤標記的數值有情緒波動，但是如果淋巴球在一定的數值以上，就不用擔心，因為本身的免疫力會去迎戰疾病。由於做生化檢查可能會傷到腫瘤細胞，導致腫瘤細胞開始增殖，所以可考慮使用較為安全的方法。

■看懂血液檢查數值

	項目	數值
白血球像	骨髓球	0.0
	後骨髓球	0.0
	嗜中性球	49.0
	帶狀中性球	-----
	分節中性球	-----
	嗜酸性球	8. 2
	嗜鹼性球	0. 7
	淋巴球	37. 2
	異型淋巴	0.0
	單核球	40

專業上又稱為血液像、白血球像

（嗜中性球～嗜鹼性球）→ 全部加起來顆粒球占57.9%的比例

（淋巴球）→ 淋巴球的比例占37.2%

（單核球）→ 單核球＝巨噬細胞

◉**在地上自然發芽長出的食物，是生命能量的寶庫**

生命，由母體內僅僅一個受精卵開始。人是從單一細胞隨時間經過，增殖成具有60兆個細胞，我們需要將每天每餐所吃的食物，經由體內分解，吸收必要的營養，讓細胞分裂可以週而復始地進行。

隨著時間的經過，由哪些食物組成飲食內容，會對每個人的身體與心理帶來重大的影響。

在國外一項針對罪犯與不良青少年的飲食內容所做調查顯示，之所以造成他們脫序或違法行為的原因之一，就是糖類攝取過多，以及吃了太多所謂的垃圾食品。這樣的飲食內容會導致人體缺乏營養素，腦部運作能力降低。此外，其中的縱火犯有46％均有低血糖障礙的症狀。而且根據研究指出，血糖過低時，人體的抗壓性會減弱。

因此，我認為諸如虐待或不良行為、校園霸凌及家庭暴力等問題，其實都和飲食有關。喝太多含有糖分的飲料、過量的攝取甜食，會引發低血糖症；血糖含量下降，加上缺鈣，就會讓人容易為芝麻小事而生氣，或者出現動不動就暴跳如雷的現象。

人的一生當中，用餐的次數和量是有限度的。最極致的奢侈，應該就是攝取有生命的食物了。自古以來，日本人在用餐前就會合掌慎重地說：「我要開動了！」這是因為，無論是動物或植物，所有的食材都有生命，它們提供了人類在營養學上尚無法完全測知的生命能量。

然而，現在坊間充斥著各式各樣的清涼飲料和速食食品等等，這些所謂可以長期保存的「無生命食品」含有多少生命能量，實在令人存疑。

早期廚房裡的食材，就是所謂的天然的治療藥品。例如快要感冒的時候，要喝能溫暖、滋養身體的蛋酒；胃消化不良的時候，就吃蘿蔔泥；要消除水腫時，可以敷用紅豆、蔥、芋頭做的濕布，或吃烤梅乾等等，種類不勝枚舉。像這樣的民間療法，其實都是在活用生命的力量成分。

隨著科學與營養學的進步，這些作用雖然已經越來越清楚，但是中藥醫學和先人的智慧，究竟是從何而來？即使到了現代，還是很難想像。

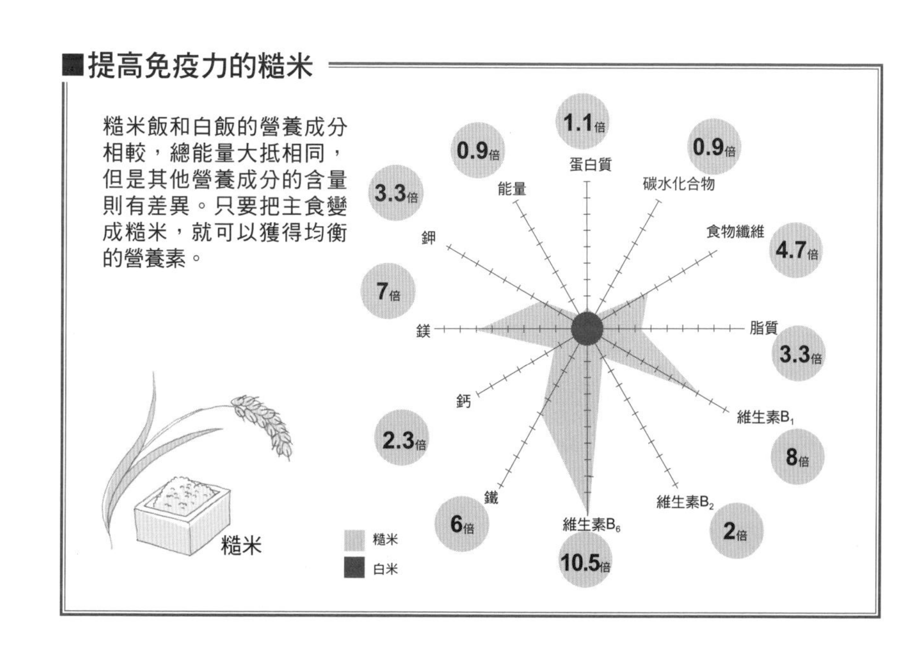

胡蘿蔔蘋果汁具有神奇療效

◉用三杯胡蘿蔔蘋果汁取代早餐的迷你斷食

首次發現胡蘿蔔蘋果汁療法，是一九七九年我在瑞士蘇黎士的畢切・貝納（Bircher-Benner）醫院學習自然療法的時候。在這家醫院，每天早餐會端出胡蘿蔔蘋果汁給病人飲用，以治療許多不治之症的病患。

我的研究也是利用胡蘿蔔蘋果汁，讓嗜中性球和巨噬細胞等白血球吞噬的吞噬能力（貪食能）上升50％，就能提升免疫力。並且，在空腹或斷食期間，更能看出白血球的吞噬與殺菌能力的增強。

如果能產生這兩種特性，讓白血球吞噬體內的老舊廢物，就能導致身體裡面的病原菌如同血液中的汙濁物一樣容易被排出來，使人們變得更健康。

實施少食和斷食的時候，因為血流無法集中於吸收營養的腸胃中，會使身體其他部位的血流增多。因此，促進排泄的方式是不要讓身體吸收營養，或者不要進食。

由於這樣經驗，我在30多年前於日本伊豆設立了讓病患進行只喝胡蘿蔔蘋果汁的斷食療法養生機構，至今已經有超過數十萬人，經由胡蘿蔔蘋果汁的斷食療法讓身體恢復健康。

胡蘿蔔蘋果汁含有許多有效成分。胡蘿蔔是深紅色堅硬的根莖類蔬菜，蘋果是在寒冷地區栽種的紅色水果，兩者都是能讓身體溫暖的陽性食物。

胡蘿蔔在美國科學研究院也是預防癌症的代表性食物，具有抗氧化作用，並富含β胡蘿蔔素，除了能恢復視力，預防皮膚病和肌膚乾燥，當然，對於提升腎臟等泌尿器官的功能也有效果。它還含有淨化力強的硫、磷、鈣等等豐富的礦物質，能淨化腸胃和肝臟，健壯骨骼和牙齒。

就如同「一天一顆蘋果，醫生遠離我」的諺語所說，蘋果具有抗氧化作用的維生素和多酚；能消除疲勞，抑制炎症的有機酸、礦物質、酵素、多酚；能促進整腸作用，使排便順暢，降低血液中的膽固醇；能增加腸內益生菌的寡糖；促進體內鹽分排出的鉀等，使身體維持良好的平衡狀態。

不吃早餐，實施胡蘿蔔蘋果汁的迷你斷食療法，對於增強免疫與排泄老舊廢物方面具有非常顯著的效果。

■胡蘿蔔蘋果汁

【材料】
胡蘿蔔　2根（約400ｇ）
蘋果　　1顆（約300ｇ）

【作法】
用刷子仔細清洗。不去除種子和果皮，切成適當大小後放入榨汁機，就能榨出大約2.5杯的分量。

榨汁機和果汁機不一樣，榨汁機榨出來的果汁不會有食物纖維，所以不會妨礙其他營養素的吸收。

福田 稔

非常識9 有助治療疾病的疼痛反射

◉「對厭惡東西的反射」刺激副交感神經可以獲得健康

我相當推廣在疾病剛開始產生的時候，如果能利用指頭按摩來治療疾病，就不需要醫師。

我自己是外科醫師，所以一開始提倡自律神經免疫療法的時候，遇到了許多困難，但是和病患面對面治療的時候學到了很多東西。那就是許多疾病是因為自律神經失衡所引起，如果淋巴球和顆粒球的數量能維持平衡，相信無論是什麼疾病，人都會日漸恢復健康。

每個人的身體都會自我調整自律神經的運作，想要提高免疫力，就要進行指頭按摩。指甲的生長根部密集地分布著神經纖維，若給予疼痛的刺激，將會反射這個刺激，誘導副交感神經由刺激恢復正常。也就是說，會像翹翹板一樣回復原本的狀態。

方法很簡單。找到雙手的指甲生長線，開始輪流按壓即可。用一手的大拇指和食指，按壓另一手，手指的兩側，可用捏的方式進行按壓。刺激右手大拇指的時候，不必拘泥於左手大拇指和食指的確切位置，5根手指頭分別各刺激10秒鐘。並針對自己想治療的疾病與症狀，找到相對應的手指，然後更加用心地分別增加20秒鐘的按壓。

雙手的手指頭全部都刺激過一次，共計需2分鐘左右。1天二至三次，每天持續進行，將會產生相當的效果。如果只有單獨刺激無名指，可能會降低免疫力，所以無名指一定要和其他手指一起進行按摩。想要改善下半身症狀時，也和手指按摩的方式一樣，對兩腳的腳趾進行按摩。

剛開始按摩指頭的時候，要先把手腳弄暖，讓身體感覺變輕鬆。事實上，實行過指頭按摩療法的人，有人疾病症狀會加遽，也有人從小小的變化當中逐漸好轉，身體狀況慢慢獲得改善，進而調整了自身的白血球平衡。

因為運用的方法是如此簡單，所以我誠摯希望大家都能試著做做看。

■不同的手指對應不同的疾病症狀（分別要刺激20秒鐘）

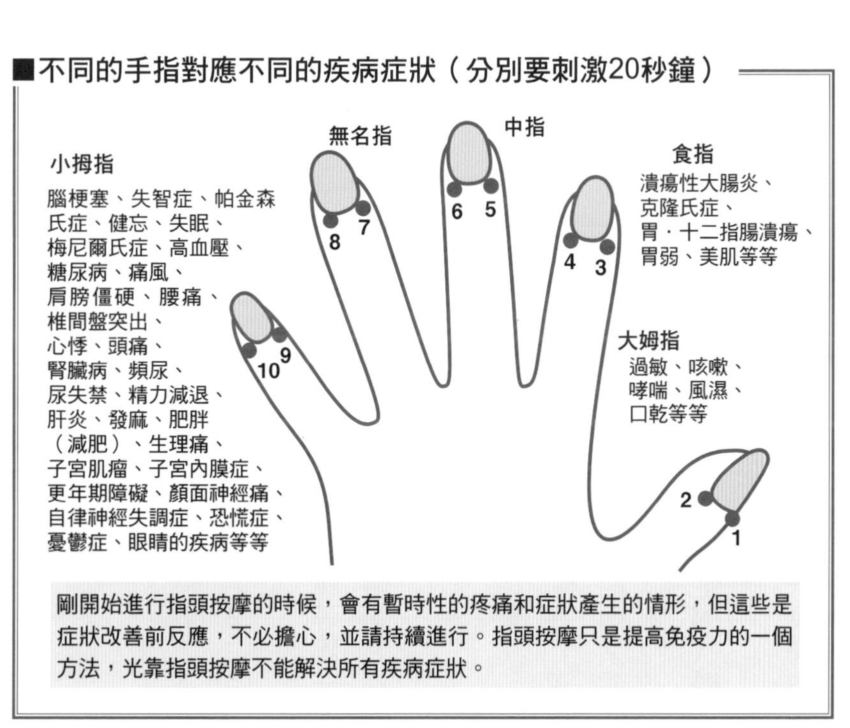

剛開始進行指頭按摩的時候，會有暫時性的疼痛和症狀產生的情形，但這些是症狀改善前反應，不必擔心，並請持續進行。指頭按摩只是提高免疫力的一個方法，光靠指頭按摩不能解決所有疾病症狀。

※有關指頭按摩療法請參考由安保徹、福田稔監修的《消除萬病的指頭按摩療法》一書（世茂出版）。

非常識10

延長平均壽命不如延長健康壽命

◉保持運動習慣，健康長壽不臥床！

到了中高齡以後，就要注意內臟脂肪症候群和代謝異常症候群的症狀發生。在現代平均壽命為80歲的長壽社會中，要注意的是運動器官機能低下症候群（locomotive syndrome）和運動器官症候群的發生。

所謂的運動器官，是指掌管人們運動的骨頭、關節、肌肉、肌腱、神經等等「運動器官」。運動器官如果不安定，就會引發運動器官不安定症，日本骨科學會將它命名為運動器官機能低下症候群，英文是「locomo」。

一旦到達高齡，骨頭、關節、肌肉、肌腱、神經等運動器官機能會遭受侵害，容易造成骨質疏鬆症、類風濕關節炎、變形性關節炎和脊椎變形等病症。如果罹患了這些疾病，運動機能就會衰退，維持平衡的能力與移動的能力也會下降。內臟機能如果能健康運作，就不容易產生跌倒的危險性、臥床不起和整天待在家裡的情形。

雖然我們從出生到死亡的平均壽命確實延長了，但是在運動器官不安定的狀態下，自己無法活動而需要別人照顧的可能性卻在增加，所以一切都取決於健康。

壽命的品質很重要，只要能健康又滿足地過生活，就能夠自立且精神飽滿地過日子，這才是所謂的延長健康壽命。因此，擔任運動任務的骨頭和關節等「運動器官」一定要很健康。

日本人的平均壽命是84.2年，健康壽命是74.8年，都是世界排名第一。如果想縮短這兩者之間近10年的差距，就要更加充實自己的人生。

例如，即使罹患了疾病或身體產生障礙，如果自己能夠很積極地面對與思考，身體就會變健康。健康壽命不單只是取決於身體的機能，更重要的是擁有健康的運動器官。利用不可或缺的保持健康運動器官的運動療法，可以預防生活習慣病和防止頭腦老化。

我自己會利用聽收音機做體操來運動，也會做伏地挺身、使用橡膠器材的胸肌體操和踢腿等運動身體的方式來鍛鍊肌肉。這樣每天持續進行的結果是，實際感受到眼睛疲勞減輕了，腦部的血液循環也變好了。所以要適度地持續做每天都可以做的運動。

■運動器官不安定症的評估標準

運動器官機能低下症候群、運動器官不安定症的評估標準為下列兩項：

① 張開眼睛、單腳站立的時間

張開眼睛進行單腳站立，左右腳分別交換兩次來進行測定。用單腳無法維持15秒長時間站立的情形。

② 「3公尺起立＆跑」的時間測定

從坐姿站起來，往前跑3公尺處折返，到再度坐回椅子上的時間測定，需要11秒以上的情形。

多喝生薑紅茶

◉漢方的基礎在溫熱身體、改善所有身體循環的生薑

中藥擁有超過長達兩千年歷史，200種漢方之中有150種都使用到生薑，因此沒有其他食物像生薑一樣有益於身體健康。

中醫認為，「氣、血、水」循環不良的時候容易生病，而生薑具有可以使這些「氣、血、水」的流動正常運作的功效。

生薑是溫熱身體的能量來源，能使身體恢復精神，並且去除身體的鬱結之氣。生薑會刺激腎上腺髓質釋放出乙醯膽鹼以提高氣力。

生薑還具有以下功能：能擴張血管、增進血液循環，使痰的分泌順暢，以利帶走血液中的汙物。同時抑制血小板凝結、溶解血栓並溫熱身體。更能降低膽固醇值，強化肝臟機能，並促進白血球機能的運作。

生薑還可促進發汗，改善體液流動，使尿液排泄順暢，過多的水分不滯留在體內。

我之所以提倡生薑紅茶，就是為了維持「氣、血、水」的平衡，無論罹患何種疾病的人，我都推薦飲用生薑紅茶。因為生薑紅茶有改善現代人水毒和體溫偏低的作用。

生薑是含有400種成分的萬用草藥，要選用表面凹凸不平、類似瘤狀物的老薑。

生薑（陽性食物）不應該與容易使身體變冷的綠茶組合在一起，而是要與發酵過的紅茶（陽性食物）搭配，這樣更能溫熱身體並且促進水分排泄。

生薑所含有的生薑醇（gingerols）和薑烯酚（shogaols）成分，具有強心作用，可以加強心臟的運作，使血液循環更加良好；也能增加腎臟的血流量，更能加強利尿作用。生薑醇具有發汗和保溫作用，所以體溫不會提升過高。

紅茶中的咖啡因有利尿作用、紅茶色素中的茶黃素（theaflavin）有溫熱身體的作用，再添加具有寡糖成分的黑糖（紅糖），可以降低血糖、燃燒脂肪，在減輕體重方面具有相當大的功效。加入葛粉可以提高滋養強壯的效果，更能增加保溫、發汗、健胃作用。

不論是飯前、飯後或者是感覺口渴的時候，隨時都能飲用生薑紅茶。身體溫暖了，排尿就會更順暢。每天持續飲用生薑紅茶，體溫就會提升。

■萬能的生薑紅茶

【材料】紅茶、生薑、蜂蜜或黑糖

【作法】先將磨碎的生薑，用紗布絞出薑汁。在一杯紅茶中加入1～2小匙薑汁，再加入蜂蜜或者是黑糖就完成了。

生薑的皮和肉交界處含有對健康非常重要的成分，所以不要除去生薑的皮。怕麻煩的人可以先一次磨好薑泥，然後放在冰箱中冷藏，也可以買市售已經磨好的瓶裝薑泥。最好的是在要飲用的時候才磨的新鮮生薑，如此才能達到最佳效果。這是因為生薑醇和薑烯酚都會在磨碎的過程中減少其有效的成分。

◎維持「氣、血、水」三要素的平衡，可保持身心健康

頭涼腳熱不單只是意味著「只要把腳弄暖和並且使頭涼爽，就能使疾病好轉」。

我自己在罹患憂鬱症的時候，長媳帶了針灸氣功師傅來幫我做治療，頭涼腳熱的真實體驗是，「打通頭部的瘀血狀態，並且使血液向下流動」。

頭涼腳熱是指讓頭部的瘀血狀態，恢復正常的血液循環，使冰冷的腳變得暖和。在探索自己頭部時，從頂端的髮旋開始一直治療到手腳末端，可以感覺到瘀血被打通。放射狀般地探索頭部時，會發現頭頂有一個直徑1公分大的凹陷處，這個髮旋部位正是全身氣流通的重點。

當治療的起點從百會穴改為髮旋，令人震驚的是，病患不但是臉色和肌膚光澤變好，連整個眼神也都變了。治療之後流汗量增加，而且無例外地，身體也都溫暖了起來，可以說身體如同泡過澡般地神清氣爽。

中醫醫學認為，如果人體的體內循環三要素「氣、血、水」不足、停滯或失衡，會使身體失常或引發疾病，這是所謂中醫的根本性思考。「氣、血、水」三要素會相互影響，以維持一種平衡的狀態。而肉眼雖看不到氣，但氣有運作的功能，可以說是藉由血和水的能量，幫助血和水的循環，帶給全身營養以滋養身體。

回顧以往，我曾經因為治療癌症病患壓力過大，而引發激烈的血液循環障礙，導致身體發冷、神經緊張，感覺遍體鱗傷。當自己的治療成果提高以後，我便狂妄地發下豪語，一定要幫助別人治好疾病。

健康的身體是將上半身提高的熱氣往下牽引，同時把下半身降低的寒氣往上推擠，使身體達到頭涼腳熱的狀態。

健康的心也是同樣如此，應該要戒除自己自大、自負等傲慢心態，用謙虛、真摯的理性心態處世。

頭涼腳熱教給我的道理，不光只與身體相關而已，還可以一直通透到內心。我們應該多做讓腳發熱的運動，以協助心臟正常運作。

■「氣、血、水」三要素

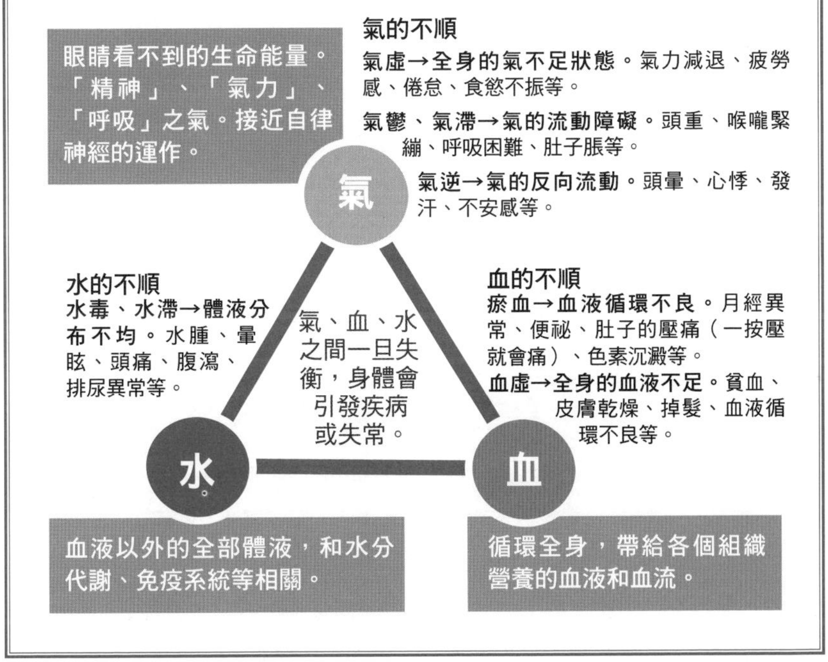

眼睛看不到的生命能量。「精神」、「氣力」、「呼吸」之氣。接近自律神經的運作。

氣的不順

氣虛→全身的氣不足狀態。氣力減退、疲勞感、倦怠、食慾不振等。

氣鬱、氣滯→氣的流動障礙。頭重、喉嚨緊繃、呼吸困難、肚子脹等。

氣逆→氣的反向流動。頭暈、心悸、發汗、不安感等。

氣

水的不順

水毒、水滯→體液分布不均。水腫、暈眩、頭痛、腹瀉、排尿異常等。

氣、血、水之間一旦失衡，身體會引發疾病或失常。

血的不順

瘀血→血液循環不良。月經異常、便祕、肚子的壓痛（一按壓就會痛）、色素沉澱等。

血虛→全身的血液不足。貧血、皮膚乾燥、掉髮、血液循環不良等。

水

血

血液以外的全部體液，和水分代謝、免疫系統等相關。

循環全身，帶給各個組織營養的血液和血流。

「專欄1　安保徹」

各種白血球的不同免疫功能

白血球是顆粒球、淋巴球、單核球的總稱

白血球的型態和性質有各式各樣，在人體狀況正常時，會維持一定的比例，一旦身體發生異常狀態，不同種類的白血球相對比例就會顯現出變化。白血球分類計數檢查，就是檢查這些比例的增減，其中最重要的是顆粒球和淋巴球的含量比例。

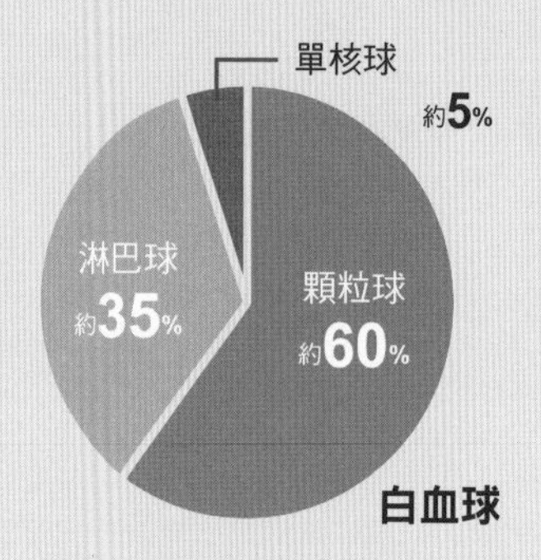

淋巴球

T細胞　在胸腺（Thymus）內養成。

● 輔助T細胞　後天免疫

偵測攻擊對象的指揮官，對戰友們釋放出傳達敵情情報的物質細胞分裂素的B細胞，和對殺手T細胞發號施令（分成Th1和Th2兩類）。

● 殺手T細胞

釋出分解敵人的穿孔素酶，破壞整個細胞。

● B細胞　後天免疫　抗原誘導

接受輔助T細胞的命令，製造抗體和免疫球蛋白（IgM、IgG、IgA、IgE）

● 胸腺外分化T細胞　自然免疫

在胸腺外分化，監視體內細胞，破壞產生變異的細胞。

● NK細胞（自然殺手細胞）　自然免疫

攻擊癌細胞的大型細胞，有時也會整個吞噬敵人。釋放出所謂的顆粒酵素。

淋巴球數目會在病毒感染症、甲狀腺機能亢進症、副腎疾病時增加；在惡性淋巴腫、癌症、白血病時則會減少。

單核球（macrophage巨噬細胞）

自然免疫　抗原誘導

像阿米巴原蟲一樣到處游動，擁有什麼都吃的貪食能力，讓顆粒球和淋巴球知道敵人來襲。有時也會處理淋巴球作用後的殘骸，傳達敵人的訊號給輔助T細胞。巨噬細胞在結核病、梅毒、麻疹時會增加。

顆粒球

自然免疫

有嗜中性球、嗜酸性球、嗜鹼性球三種。

嗜中性球占八成以上（屬於巨噬細胞的進化型態）。

具有貪食能力，以及釋放出自由基之殺菌能力。會吞噬大型細菌，造成化膿性的發炎症狀。殘骸會化為膿。

嗜中性球是在感染與急性發炎時最有反應，感染病、外傷、慢性骨髓性白血病、心肌梗塞時，會增加；急性白血病、腸傷寒、壞血病時則會減少。

嗜酸性球在過敏性病患（支氣管哮喘、花粉症、蕁麻疹），寄生蟲感染、何杰金氏病時會增加，庫興氏（Cushing）症候群等會減少。

嗜鹼性球的數量最少，懼患甲狀腺機能低下症和慢性骨髓性白血病時會增加。

第二章　認識、說明疾病

了解疾病的成因是改善健康的第一步

從經驗中發現療法。
遇到困難的時候，
就會找到改善的可能性。

自律神經與白血球

安保 徹

◎白血球的自律神經支配法則

人體內具有預防和治療疾病的免疫機制。免疫不僅會守護我們的身體，還會對侵入者展開攻擊，是身體所具備的自然治癒能力。

至於要具有多麼高的免疫力才行呢？重點在於面對疾病的時候，它是否能守護身體並治療疾病。

對免疫力具有重大影響的是自律神經。自律神經和自我意識無關，是自行進行著身體調節運作的神經，分別有交感神經和副交感神經。

交感神經是在白天活動和興奮時運作的神經，而副交感神經則是在夜晚、用餐、放鬆和休息時運作的神經。

這兩種神經會維持如同翹翹板一般的平衡關係，一旦其中一種神經的運作占優勢，另外一種神經的運作就會降低以取得平衡。

自律神經的運作和免疫力息息相關。當交感神經的運作占優勢，細菌和病毒等微生物容易侵入身體，身體就會釋放腎上腺素，並使具有腎上腺素受體的顆粒球增加。在副交感神經占優勢的消化過程中，為了處理對身體不好的物質，會分泌乙醯膽鹼使淋巴球增加。

如果這兩種神經的運作能維持良好的平衡，使顆粒球和淋巴球做適度地增減，身體就不會產生任何問題。但是，如果某一種神經持續占優勢，身體就會出問題。

交感神經緊張時，過度增加的顆粒球會釋放出自由基，使得周圍的正常細胞氧化、破壞身體，並引發炎症。同時，由於淋巴球減少，處理小型敵人的能力下降，處理異物的能力也下降，因而導致免疫力下降。

顆粒球因為具有對體內常在菌產生反應的性質，會在有黏膜的地方產生炎症，於是引發肝炎、胰臟炎、急性肺炎等化膿性炎症。所以一旦胃潰瘍、十二指腸潰瘍等炎症類的疾病和疼痛疾病症狀變得更嚴重，要小心自己可能罹患了免疫疾病或癌症。

■自律神經的運作

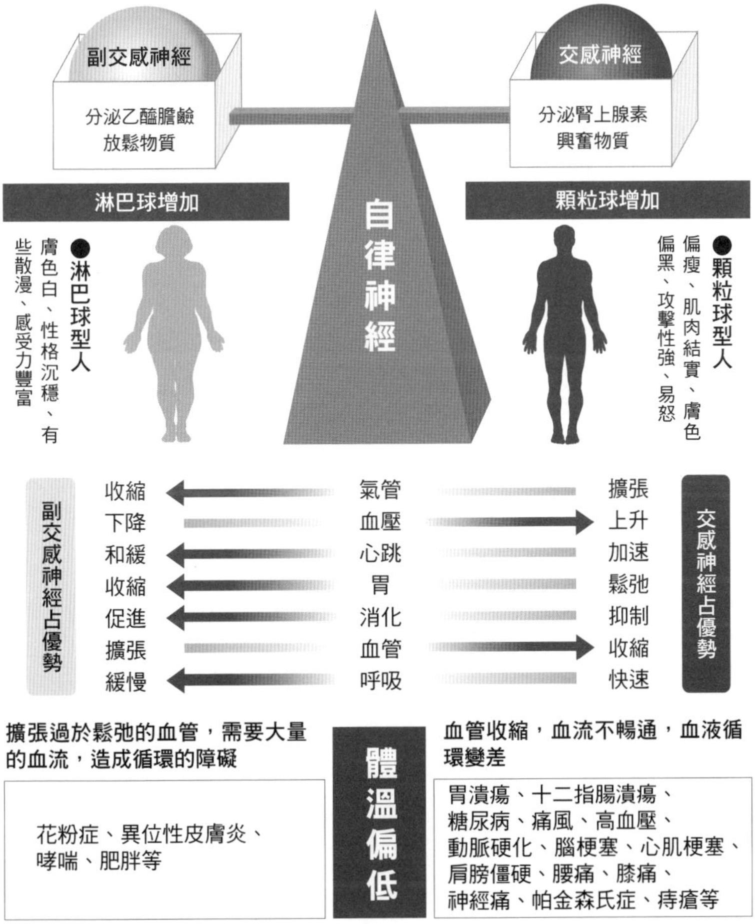

自律神經

副交感神經
分泌乙醯膽鹼
放鬆物質
淋巴球增加
●淋巴球型人
膚色白、性格沉穩、有些散漫、感受力豐富

交感神經
分泌腎上腺素
興奮物質
顆粒球增加
●顆粒球型人
偏瘦、肌肉結實、膚色偏黑、攻擊性強、易怒

副交感神經占優勢		交感神經占優勢
收縮 ←	氣管	擴張
下降	血壓	→ 上升
和緩 ←	心跳	加速
收縮 ←	胃	鬆弛
促進 ←	消化	抑制
擴張	血管	→ 收縮
緩慢 ←	呼吸	快速

體溫偏低

擴張過於鬆弛的血管，需要大量的血流，造成循環的障礙

花粉症、異位性皮膚炎、哮喘、肥胖等

血管收縮，血流不暢通，血液循環變差

胃潰瘍、十二指腸潰瘍、糖尿病、痛風、高血壓、動脈硬化、腦梗塞、心肌梗塞、肩膀僵硬、腰痛、膝痛、神經痛、帕金森氏症、痔瘡等

此時，負責調整排泄與分泌機能的副交感神經被抑制，所以減少了各種荷爾蒙的分泌，排便機能也會變差。能攻擊癌症的淋巴球不僅數量減少，連釋放出來的武器也不堪使用，所以會導致發生癌症。

交感神經分泌腎上腺素，在身心興奮與血管收縮時會引起血液循環障礙，阻礙原本血液中氧氣與營養的運送、二氧化碳與老舊廢物的回收，更會使得血流停滯。

血液循環障礙是造成肩膀僵硬、頭痛、腰痛等不舒服症狀產生的原因；排泄分泌機能下降會造成便祕、排尿困難、膽結石、腎結石等狀況。

副交感神經過於活躍的時候，過度增加的淋巴球會對花粉或灰塵等抗原產生劇烈的反應，因而引起花粉症、異位性皮膚炎、哮喘等過敏反應。副交感神經會分泌乙醯膽鹼，在過於放鬆的情況下，會因血管擴張而造成血流瘀滯，導致血液循環不良。

這種自律神經的平衡崩解，會引起體溫偏低，而且會使提升免疫運作所必需的熱能不足，更加導致免疫力下降。兩者的不同只在於疾病的種類不同，但會引發疾病的這一結果卻是相同的。

■壓力導致疾病發生的結構（交感神經占優勢）

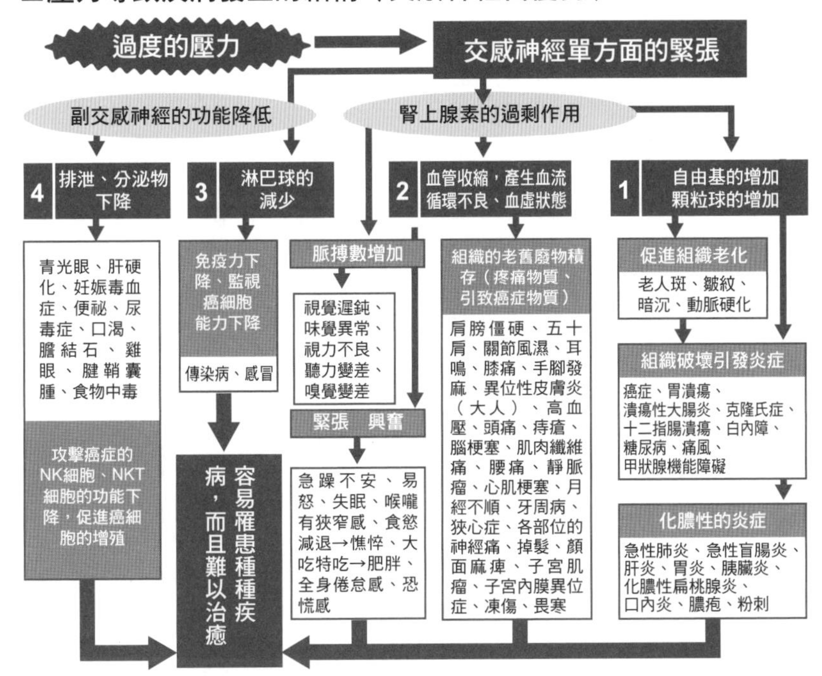

■過度保護或運動不足導致疾病發生的結構（副交感神經占優勢）

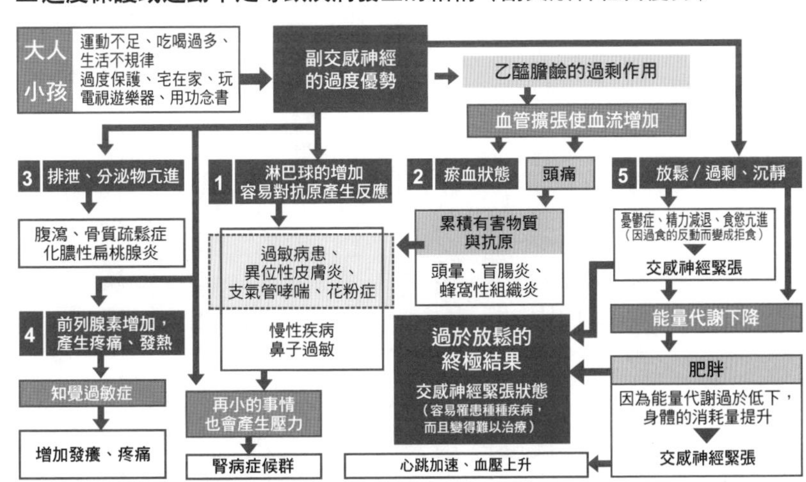

體質和疾病

石原結實

◉陽性體質、陰性體質

生病的時候，相較於西醫通常只考慮疾病的症狀做治療，中醫會根據症狀探詢全身的狀況，並針對病患本身的體質做治療（體質改善）。

中醫方面認為，整個宇宙是由「陽」和「陰」的平衡所組成。

例如，太陽、夏天、白天、南方等屬於「陽」；而月亮、冬天、夜晚、北方等則屬於「陰」。

「陽」具有乾燥、溫暖、明亮、收縮等性質；「陰」則具有潮濕、寒冷、陰暗、擴張等的性質。體質和食物也有相同的分類。

人的體質分為怕熱的「陽性體質」和畏寒怕冷的「陰性體質」，兩者容易罹患的疾病也各不相同。

一般來說，男性比較容易傾向「陽」，而女性比較容易傾向「陰」。但即使是男性，也有許多皮膚白、體格瘦長、容易白髮的「陰性」體質的人；而女性也會有許多很有精力、嗓門大、活潑好動的「陽性」體質的人。

「陽性體質」的人具有皮膚黑、怕熱、禿頭、毛髮量少、嗓門大、喋喋不休、樂天、性急、好動之類的特徵。馬上會令人聯想到的是臉紅通通的、矮矮胖胖的、禿頭並且患有高血壓的中高年男性，和總是匆匆忙忙、好動、嗓門大、充滿精力的中高年女性。這些人都是屬於血氣旺盛且體溫高的。

年輕的時候精力充沛、怕熱，是屬於肌肉發達、溫暖的健康身體，食慾也很旺盛。但是，隨著年齡的增加，過度飲食、營養過剩，容易產生代謝症候群、高血壓、腦梗塞、糖尿病、痛風、心肌梗塞、肥胖、癌症等疾病。

「陰性體質」的人恰好相反，具有皮膚白、怕冷、月經不順、白頭髮多、細心而神經質的特徵。這類人很在意周遭人的眼光，體溫低、臉色白、血氣較少。

由於身體屬於怕冷的畏寒特性，肌肉較少，脂肪和水分過多，體熱和能量不足，使得身體會發冷，總是有肩膀僵硬、暈眩、心悸、喘不過氣等令人煩惱的症狀。容易罹患低血壓、貧血、過敏、風濕、膠原病、胃炎、胃癌、潰瘍性大腸

	陽性（乾、熱、收縮）體質	中間性	陰性（冷、濕、擴張）體質
特徵	男性多。特徵是皮膚黑、怕熱、禿頭、毛髮量少、嗓門大、喋喋不休、樂天派、性急、好動。 馬上會聯想到的是，臉紅紅的、矮矮胖胖的、禿頭並患有高血壓的中高年男性，和總是匆匆忙忙的、好動、聲音很大聲、很有精神的中高年女性。是血氣多且體溫高的人、怕熱、血壓高、有肌肉、活潑、禿頭、便祕傾向等。	緊張與放鬆平衡良好生活習慣的人。	女性多。皮膚白、怕冷、月經不順、白頭髮多、因纖細而神經質。在意周遭人的看法，體溫低、臉色白、血氣較少的人、畏寒、血壓低、體力不佳、體內的脂肪和水分多、早上虛弱、熬夜、白頭髮、腹瀉（有時便祕）等。
容易罹患的疾病	高血壓、腦中風、心肌梗塞、糖尿病、齒槽膿漏、痛風、脂肪肝、誇大妄想、便祕、歐美型癌症（肺、大腸、胰臟、前列腺等）。	每天輕鬆地伸展，不形成便祕腸道及過多體脂肪壓迫內臟的體態，就不容易罹患疾病而且會長壽。	低血壓、貧血、胃炎、浮腫、感冒、蛀牙、肺炎、結核病、胃癌、潰瘍性大腸炎、過敏、風濕、疼痛（頭、首、肩、腰、膝等）、憂鬱症、精神病、膠原病、甲狀腺機能亢進症、乳癌、卵巢癌、子宮癌、白血病等。

炎、憂鬱症等疾病。

「中間性體質」是維持陰性和陽性平衡的健康狀態。陽性體質的人最好多吃能讓身體變冷的陰性食物；而陰性體質的人則是要多吃能讓身體溫暖、血液循環變好的陽性食物。

陽性體質的人如果食用陽性食物，會使身體更加燥熱。相對地，陰性體質的人如果食用陰性食物，則會使身體畏寒的症狀更加惡化。

◉萬病之源在於血液汙濁

根據安保與福田兩位醫師的自律神經免疫理論所述，屬於顆粒球型的人是陽性體質，屬於淋巴球型的人則是陰性體質。

雖然中醫並不是使用免疫力這個名詞，但是從好幾千年以前就認為「萬病之源在於血液汙濁」，也就是說，疾病完全是由血液的汙濁所引起。

血液循環不良的時候就會造成「瘀血」的狀況，而且血液汙濁會使血液變得黏稠。

血液所扮演的角色是提供所有細胞營養和氧氣，同時排泄出二氧化碳以及從腎臟、肺帶回的老舊廢物。因此，當瘀血形成，血液中的尿酸、尿素、氮、乳酸、丙酮酸等老舊廢物就會增加。如此一來，會造成血液汙濁、循環不良、身體畏寒，進而讓血液陷入更加汙濁的惡性循環中。

血液（白血球）力就是指免疫力，所以當血液循環變差，白血球的活性也會下降，因此免疫力就會下降。

人體本身就具有自然治癒力，所以身體累積的老舊廢物從皮膚排出就會產生濕疹；藉由病毒所引發的免疫力來燃燒血液中的老舊廢物，就會引起炎症；而血液汙濁，以硬化且結塊的形式所排出毒素的就形成了癌症。

為何血液會變得汙濁呢？最重要的因素就是冷。身體一旦變冷，代謝就會變差，醣類、脂肪、蛋白質等燃燒就會不完全，使得中間的代謝物增加而殘存於血液之中。

發冷的原因在於食用過多甜食及精緻食品等讓身體發冷的陰性食品、補充太多水分、運動不足、過食、淋浴、吹冷氣等，可說完全是拜今日過於便利的生活環境所賜。

重要的是，要讓血液變乾淨。因此，不要吃太多、飲食過量。

腸胃在消化吸收的時候，若體內累積的營養物和老舊廢物無法完全燃燒，就會導致老舊廢物和汙物排泄或累積在體內。

為了避免造成燃燒不完全的現象，我極力推薦斷食療法。肚子餓的時候，即使在白血球中最大的貪食細胞（又稱巨噬細胞）也同樣會因為空腹，而對病原體、血液中的老舊廢物、不純物、有毒物等狼吞虎嚥，像清道夫一般進行吞食作用。

如果能這麼做，身體就會變暖，血液循環也會變好。這就是能使身體不會罹患疾病、恢復健康的方法。

自律神經免疫療法

福田　稔

◉利用刺激提高免疫力

自律神經免疫療法是使用磁氣針和注射針，刺激全身的治療點，以調整自律神經的平衡，並提高免疫力。

這個理論的出發點是根據東北大學齋藤章教授（已故）的生物學二進位法，再加上一九九五年新瀉大學安保徹醫師的共同研究所構成的法則。

治療的出發點是在一九九六年11月從淺見鐵男先生所學到的井穴、頭部、刺絡療法（用指甲尖刺激頭頂的穴道）而來。當時我在新瀉新發田市的山里老人醫院工作，實驗性地為志願者進行治療，在關節痛和耳鳴方面產生相當驚人的變化。

之後，藉由開發交流磁氣治療器的Sokenmedikaru株式會社的石渡弘三社長（已故）所發展出來的磁氣針，更能達到具有安全和功效的治療。

二〇〇〇年時，我參考石川洋一先生的腳脛內側按摩療法，更進一步改進。

現在漸漸出現所謂的刺絡、指頭按摩、髮旋、仙人穴等新療法，併用電子針療法和磁氣療法，確實能提升效果。

這樣的治療法是從病患身上學習到的。觀察病患的種種情形，可以學習到許多關於治療方面的事情。無論是西醫或東洋醫學，都和中醫學相同，因為都是集結先人的智慧而成，我們應該要好好研究出屬於日本獨有的醫學理論。

所以無論是從事自律神經免疫療法的醫師也好、針灸師也好，一定要用更為謙虛的態度來對待病患。

我的專業領域是外科，所以原本強烈

地認為疾病就是要切除患部才能治癒，而且很容易認為，不論如何，有病就是需要醫師來治療。性格急躁的我在每天與病患的接觸當中告誡自己。

試著接觸病患後我了解到，能治療疾病的其實是病患本身。治癒疾病有95％是靠患者本身，只有5％的治癒是靠醫師的幫忙。

真實的情況是，當了解到人體所具備的力量，你就會不得不抱持著敬畏的心。

◉三大特徵

自律神經免疫療法有以下三大特徵。

第一個特徵，各式各樣的疾病全部都會好轉。

直到現在，連現代醫學也沒辦法治療的，特別是對於帕金森氏症、癌症、關節風濕病、膠原病等難症患者，都有顯著地改善效果。

第二個特徵，利用白血球分類計數檢查，不僅可以讓醫師，也可以讓病患本身客觀地得到判斷治療效果的指標。經由檢查，利用白血球中的淋巴球和顆粒球的平衡和總數，了解疾病和免疫力的狀態，在治療過程中可以實際測定到效果。

第三個特徵，也是最重要的，是藉由觀察人的整體來做的根治療法。這和專業領域分歧，也和區分內臟器官施行局部療法的西醫有所不同，是由掌握整個身體的自律神經系統來執行。

如同「見樹不見林」的西醫，只是觀查一個一個的內臟器官就下診斷，無法看見整個身體的變化。如同因為只看一棵樹，卻連土壤、水和環境汙染都不了解，將會使整個森林被破壞殆盡。

身體的問題不僅和身體整體密切相關，也會強烈影響心理。所謂的「病由氣起」就是指身心密不可分的關係。

看見疾病的本質就可以從疾病的根本來解決疾病，所以一定要觀察整個人的全身上下。

鑽研這個療法的背景是我和安保徹醫師所共同實行的研究，正是從確立的白血球自律神經支配法則而來。自律神經和白血球之間的關聯很明顯，它是引發疾病的機制，也是治療疾病機制，這是已被證實的結果。

我依據目前為止許多病患的白血球分類計數檢查數據資料已確切知道，疾病會出現什麼樣的症狀而逐漸好轉、治癒疾病所需花費的期間，和容易痊癒的人的共通點等。

有了這個結果，我們已經知道，疾病與血型的關係，A型和B型處於未病的位置，AB型和O型有點容易生病，即使是相同的癌症，淋巴球比較多的人較容易治癒等。

也就是說，現今這個時代，人們罹患了疾病，即使不進行手術，只要病患本身堅持不放棄，並配合治療的方法，就可以治癒疾病。

■氣候、自律神經與免疫的關係

自律神經

交感神經領域　副交感神經領域

盲腸炎的種類（重症）		壞疽性盲腸炎				卡塔爾型盲腸炎（輕症）	經常炎性盲腸炎（中程度）
氣候		冬					夏
	氣壓(Hpa)	1018				1011	1013
	溫度(℃)	11				15	16
白血球	總數(mm²)	7000	6900	5900	3200	5400	5700
	顆粒球(%)	66	01	59	58	56	48
	淋巴球(%)	32	35	37	39	41	51
血型			AB	A	B	O	

■鳥居的法則

神社的鳥居有南北方向的參道，這個參道一直延伸到拜殿。水野南北的名字由來也是有通過南北之意，如同通過南北的鳥居一樣，如上圖所示，西的交感神經、東的副交感神經沒有偏離的部分，白血球沒有偏離的部分是沒有生病（沒有自覺症狀也沒有他覺症狀，相當健康沒有疾病，但可能快要生病的健康狀態），所謂的健康領域。令人感到不可思議的是，血型為A型和B型的人是在健康的位置。

輕症「卡塔爾型盲腸炎」：盲腸變成略為圓狀且變成紅色，不一定要進行手術治療，差不多1個禮拜左右就可以自然痊癒。是4～6月天氣過於晴朗之日容易引發的疾病。顆粒球和淋巴球所占的比例會略為趨近正常。

中程度「蜂窩性組織炎型盲腸炎」：整個盲腸變得很紅，膨膨地腫起來，從盲腸壁會有膿流出來。有些病例必須進行手術治療。是初夏時晴朗天氣、氣溫高的日子容易引發的疾病。氣壓較低的時候，淋巴球所占的比例較高。

重症「壞疽性盲腸炎」：盲腸腐壞變成黑色，容易壞死。盲腸一旦破裂，會引起腹膜炎並有生命危險，是冬天天氣晴朗、氣溫低的日子容易引發的疾病。氣壓較高的時候，顆粒球所占的比例偏高。

季節、氣候、每天不同的時間都會影響自律神經的變化

在春天到夏天的期間容易引發過敏，是因為副交感神經占優勢，使淋巴球增加的關係。在季節變化之際，越是自律神經失衡的人，越會感受到自律神經轉變的巨大震撼，因此容易感到不適。

冬天在寒冷的壓力之下，導致交感神經緊張而使得身體感到疲勞，因為顆粒球增加，容易累積自由基，所以需要長時間的睡眠。相反地，在夏天，因為放鬆的副交感神經占優勢，疲勞也不容易累積，所以即使睡眠時間比冬天來得短，自律神經也能夠維持平衡。

只要自律神經能夠調整好平衡，在健康方面就不需要擔心什麼。

◉解開疾病之謎

從福田稔醫師不經意的一句話：「天晴的時候，盲腸炎病患會增加」，我們開始共同研究，並解開了許多疾病之謎。

天氣晴朗的時候，顆粒球會增加，所以罹患盲腸炎的人會增加。在下雨的日子裡，淋巴球會增加，容易產生疼痛和僵硬等不舒服的症狀。

在傍晚和黎明的時候，容易引發哮喘，這是因為夜晚副交感神經占優勢，會造成淋巴球增加。關節僵硬容易發生在黎明，這是因為在夜晚增加的淋巴球會引發炎症；但是在白天，交感神經占優勢，會因為顆粒球的增加，使得症狀自然消失。從夜晚到黎明期間所產生的尿意，是因副交感神經占優勢促進了排泄所引起。

■一天中體溫與顆粒球和淋巴球的變化

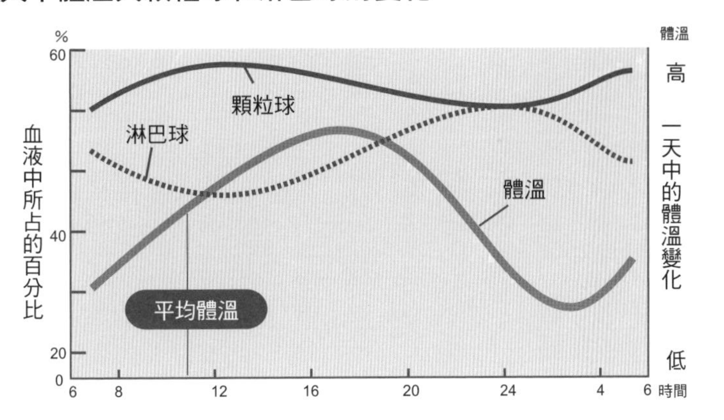

白天所增加的顆粒球，是為了讓人在狩獵活動中，手腳受傷時可以防止細菌的入侵。夜晚的淋巴球，是為了在休息的時候，能處理入侵身體的異物。這些變化是為了因應自然目的而形成的節奏。

■天氣和季節影響人體免疫的變化

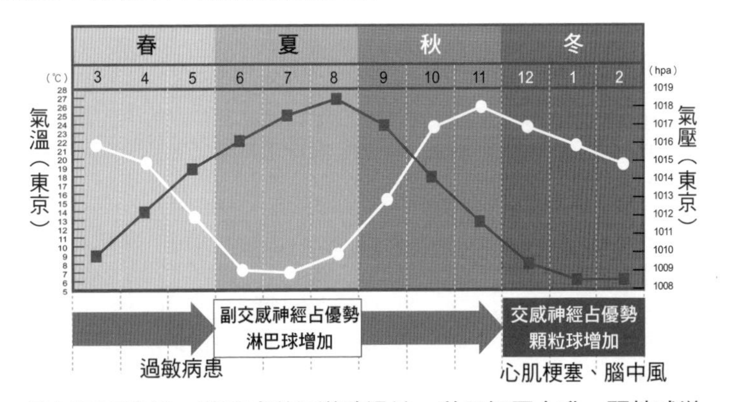

春天氣壓降低，淋巴球增加導致過敏。秋天氣壓上升，顆粒球增加造成身體產生緊張狀態，容易引發腦部的疾病。

疾病的本質是血液汙濁

◎瘀血的自覺症狀、他覺症狀

瘀血的「淤」有「累積」的意義，西醫認為，瘀血是血液循環不良的狀態。

血液汙濁是因為體內出現老舊廢物、剩餘物和入侵的異物所致。原本應該被排泄出去的物質，因身體變冷而無法順利排出，當累積的速度比排泄的速度來得快，這些汙物就會越來越多。

一旦汙物累積起來，就會在身體各個部位出現瘀血狀態。

身體發冷會造成血液循環不良，因而導致血液滯留、身體表面的微血管擴張。結果會引起臉頰泛紅、眼睛下方產生黑眼圈和下肢靜脈瘤等。如果血液汙濁狀況持續惡化，身體就會自動進行淨化作用，把汙血排出體外，因此會有流鼻血、牙齦出血、痔瘡和不正常出血的症狀。

即使用西醫的精密檢查和血液檢查出瘀血症狀，仍然有許多原因不明之處。

猝死的人有80％是起因於瘀血導致罹患心肌梗塞和腦中風等循環系統的疾病。另有報告指出，經由家屬、同事及友人事後的回想，猝死的人中有90％在生前有瘀血的跡象。

在產生真正的疾病之前，請好好照顧自己、讓身體休息，並去除身體畏寒的現象吧！

附帶一提，女性在13～50歲左右約35年的期間會有月經產生。月經是自然的放血作用，這種現象和排除汙濁的血液是相同的。月經週期是28天，1年有13次，以月經期間有6天來算，1年月經的時間有

80天，35年就有2800天。以1年365天來計算，大約有7年的期間可以藉由月經來淨化體內汙濁的血液。

這也就是為什麼日本男性平均壽命81歲，女性平均壽命87歲，女性比男性多6年的原因。

壓力、抽菸、喝酒等，容易使血液汙濁，身處於長期累積惡劣環境中的男性，應該要仔細思考對策，如何去除瘀血。

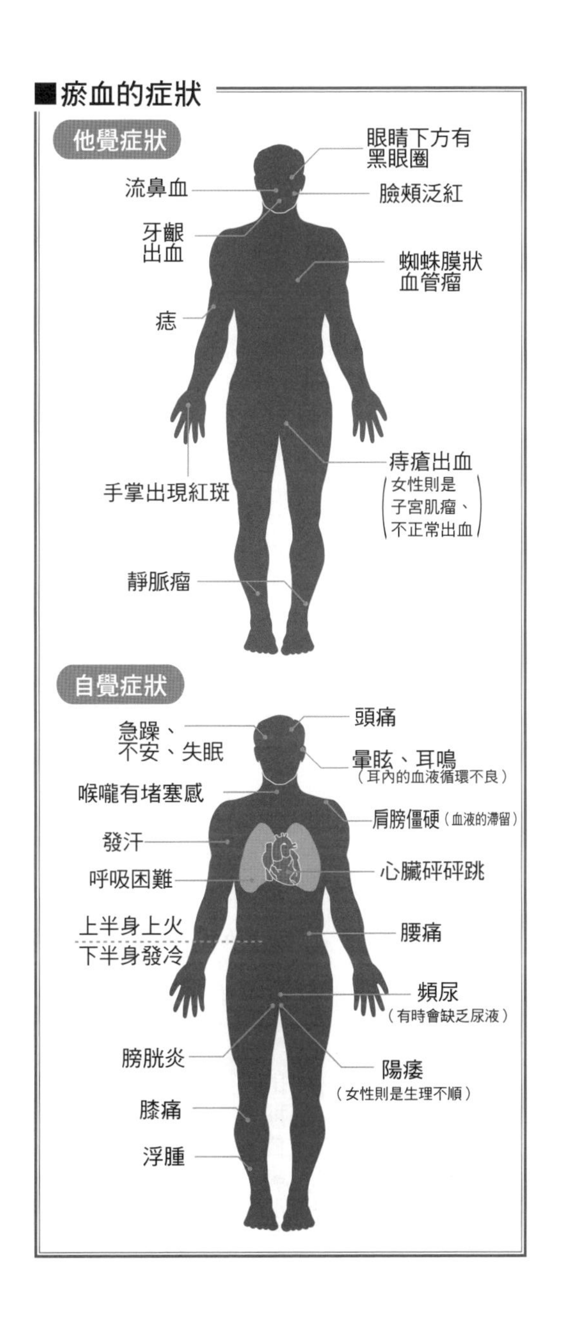

治療過程中必定產生的好轉反應

◉不需要驚恐的反應

自律神經免疫療法是「對厭惡東西的反射」的其中一項。副交感神經的運作是對厭惡的東西和令人感到不愉快東西的反應。如同過於傾斜的翹翹板，在另一端刺激，就會恢復到原本的狀態。

治療點是在病患虛血和瘀血之處，所以會感受到強烈的疼痛，而且會因人而異，在身體血管脆弱的地方產生瘀青。但是，在皮下出血的瘀青處，會因為人體的自然療癒力，重新製造微血管取代原先受損的微血管，血管變得比較堅固，並且恢復血液循環。

據說比運用針灸治療，刺激副交感神經的作用要來得強一些。

所謂瞑眩的好轉反應，是在治療過程中必定會產生的良好反應。

好轉反應是因慢性病而鈍化的細胞，在邁向正常的活性化過程中所引起的身體變化，所以，慢性疲勞的肌肉鬆弛的時候，會使老舊廢物流入血液中，因此容易讓人感覺到倦怠、睡意、發燒、疼痛和排出濃尿。

癌症、異位性皮膚炎、各種疑難雜症和重病病患在治療期間，自律神經會產生激烈的震盪。即使是在使用腎臟透析治療的病患，也一定會產生好轉反應，但是之後不再接受腎臟透析治療時，就會停止。

當好轉反應發生，首先淋巴球的比例會下降。減少的淋巴球之後還會經歷多次的減少期，等到不好的東西都排出體外，身體的負擔減少，身體可以自力維持運作後，淋巴球就會開始增加。

自律神經和白血球的法則並非紙上談兵而已。淋巴球和顆粒球的平衡是所謂生命力的反應。

淋巴球一旦低於500，人就會接近死亡，但即使是淋巴球低於500被宣告不治的病患，也可以利用自律神經免疫療法，最後可以不受苦地過著高品質的生活。因此病患及家屬都相當感謝能使用自律神經免疫療法。

因此醫師在治療病患的時候，有必要從單純的檢查數據資料中，去思考病患的體內究竟發生了什麼事。醫師所能做的只有從病患的日常生活中，抓出醫不好的理由，並且鼓勵病患而已。

治療疾病有95％是靠病患本身，醫師的支持只有5％。謙虛的醫師和積極地想要治癒疾病的病患雙方通力合作，正是好轉反應的真正意義。所以，完全將疾病託付給醫師是無法治癒疾病的。

■對厭惡東西的反射

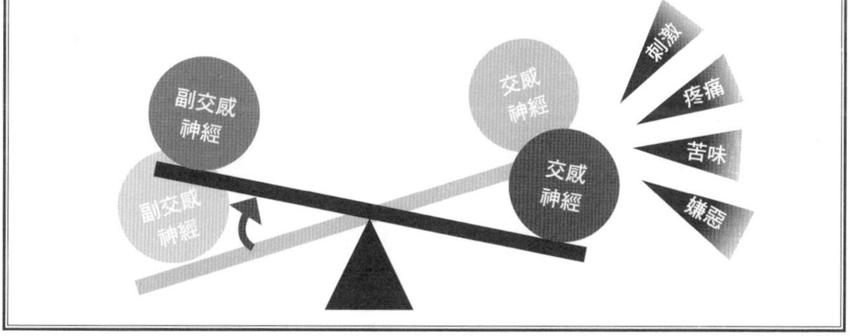

癌症

安保 徹

◉原因

癌細胞又稱為惡性新生物。西醫認為，它是正常的細胞突變成癌細胞，致癌性物質就是癌症的成因。因為空氣中排放的廢氣、抽菸和食品添加物等外來因子，導致致癌基因運作而引發癌症。但我對此觀點抱持著存疑的態度。

癌症是因壓力導致交感神經長時間處於緊張狀態，使得正常細胞突然變異成癌細胞，並且無止盡地激增，進而形成腫瘤的疾病。

我這樣說並不是要完全否認外在因素的影響，但是形成癌症的最大原因，其實是壓力導致交感神經的緊張狀態。

一旦交感神經緊張，腎上腺素就會開始運作，使得血管收縮、血液循環停滯，如此一來，會使得氧和營養成分難以運送到身體各個部位，二氧化碳和老舊廢物不容易排出，代謝機能低下。能量生產減少會使身體變成36℃以下的低體溫狀態。

白血球的主體是顆粒球。體內會因顆粒球所產生的自由基而受傷，而且攻擊癌細胞的淋巴球（ＮＫ細胞）會減少。

因為淋巴球的攻擊力在體溫38～39℃時達到最高峰，所以在體溫過低的時候，淋巴球的運作不良，免疫力就會降低，因此癌細胞會持續增殖。

◉預兆

形成癌症之前，應該有很多人都可以感受到身體狀況出現某些變化。

癌症病患都有一個共通點，就是在罹患癌症之前，在肉體上感受到極度的疲勞和精神上的煩惱，這些都是形成癌細胞增殖的誘因。

隨著診斷儀器的技術進步，即使沒有出現症狀，也能透過檢查輕易發現癌細胞增殖的情形。但過度積極性的錯誤治療，會提高死亡率。

引發癌症有許多主要的原因，每天有數十～數百個細胞會變成癌細胞。因此，應該沒有任何年過40歲的人，身體裡面沒有任何癌細胞！

但要發展成在早期被發現的1公克大的癌，至少也需要經過30次以上分裂的長時間才能形成。

◉症狀

自覺症狀是起疙瘩、疼痛和出血。胃癌在心窩附近會感到疼痛和噁心；大腸癌會有血便和大便潛血；肺癌會在咳嗽和痰中有潛血；子宮癌會有不正常的性器出血和粉紅色的月經；而乳癌會有胸部腫塊的症狀等。

◉三大療法

治療癌症的外科療法，有對癌細胞直接照射放射線的放射線療法，也有使用抗癌藥物攻擊癌細胞的化學療法。

外科療法是在癌症早期只有原位癌出現的時候，運用簡單的方式就能去除癌細胞。但是為了預防癌細胞轉移所做的手術，會連同淋巴結也去除，如此將會導致免疫力下降。

但是，因為手術刀的侵入，破壞了組織，導致交感神經緊張狀態增強，顆粒球因而會增加也會增加轉移的速度。

放射線療法已有所進步，目前也有一種以放射線精確地只針對癌細胞做定點照射的機器。經過放射線的照射，人體的免疫功能會受到抑制，細胞也會遭到破壞而導致交感神經緊張。

幾乎所有的抗癌藥物治療，都會傷害到正常細胞，甚至會對骨髓的造血細胞產生影響，使體溫下降到34℃，淋巴球的數量與活性減少，免疫力下降。

從以前開始就有人在研究癌細胞的自然萎縮現象。發現結核和病原菌感染引起的發燒，會使癌細胞萎縮。因此，減低結核菌的毒性，仍能引起發燒反應的效果，進而開發出丸山疫苗，這是一種免疫細胞療法。然而，隨著日本日漸富裕，更加積極地研發可以治癒癌症的抗癌藥物。

使用抗癌藥物和放射線治療，對於骨髓、腸、皮膚和頭髮的細胞造成傷害的程度，遠比癌細胞來得大，並且會產生無法進食和落髮的副作用。骨髓如果變得無法製造白血球，就會使人變得憔悴。

以前我也會對病患使用抗癌藥物，因為病患的癌細胞範圍減少而感到喜悅。但是，為了消滅癌細胞，導致淋巴球喪失而損耗了身體，反而耽誤了病患重新恢復身體健康的時機。使用這種傷害身體的治療方式，終究無法治癒疾病。

治療癌症，只能徹底採用使副交感神經占優勢的方法，並且持續實踐。運用提高免疫的飲食、呼吸和泡澡等不拘泥形式的治療，讓體溫上升，淋巴球跟著活性化，免疫力就會恢復。

許多從癌症中生還的人，都會徹底重新檢視自己的生活方式，並樂觀活下去！

■癌症的三大療法&免疫療法

手術　手術是癌細胞蔓延的誘因

手術是去除癌細胞的治療法。雖然好像是最能立即見效的，但是從免疫學的角度來看，手術是強硬抑制免疫的最危險治療法。一旦對因免疫力被極度抑制而產生的癌症進行手術、破壞組織，癌細胞裡的強烈氧化物就會刺激交感神經，使顆粒球增加。一旦顆粒球增加，致癌物質又會更加使得顆粒球增殖，結果導致癌細胞蔓延全身。淋巴結是聚集淋巴球的位置，為了預防癌細胞的轉移，切除淋巴結（淋巴結廓清）的手術，會加強抑制免疫的作用。

抗癌藥物　並非治癒癌症的萬用藥

使用抗癌藥物可預期能完全治癒的有急性白血病、惡性淋巴腫和睪丸腫瘤等，但其他即使有延遲疾病的發展和減輕症狀的效果，也無法完全治癒。不只是效果不佳，還會對癌細胞甚至正常細胞都會產生副作用。副作用是白血球減少、發燒、血小板減少與出血、血紅素減少導致貧血、噁心、嘔吐、麻痺、激烈咳嗽、皮膚乾裂、缺乏唾液、掉髮和腹瀉等典型的症狀。因為抑制了全身的新陳代謝而變得憔悴，所以喪失了身體原本與生俱來的治癒力。針對癌症病灶直接注入藥物，雖然抗癌藥物中的成分會抑制癌組織的增生，但是即使治癒了也無法使人放心。使用少量抗癌藥物的低用量療法，雖然無法完全消滅癌細胞，但是由於反射作用的運作會使得淋巴球增殖，進而提升了免疫力。

放射線　造成抑制免疫的作用

放射線治療是鎖定癌細胞及其周圍部分進行攻擊的治療方法。拜技術進步所賜，目前已可以正確地在癌組織部位進行放射線照射治療。但是，放射線照射會抑制全身免疫能力，身體會變得沒活力，也會出現疲倦的症狀。即使不對製造淋巴球的骨髓進行照射，也會引起疲倦的症狀，那是因為癌組織及周邊的正常細胞都會遭受到破壞，細胞破裂使內容物跑出來，造成交感神經緊張所致。放射線治療的技術仍持續革新，但我們應該要了解放射線具有促發癌的特性之後再決定是否使用。

免疫療法　還在研究的階段

免疫療法是在體內投與利用遺傳基因製造的癌細胞的抗體，及人工培養的細胞激素（cytokine）一種活躍於免疫細胞之間的生理活性物質，來培養殺手細胞、NK細胞和T細胞的活性，抽取出樹狀細胞與抗原結合，使身體再度恢復健康的治療方式。免疫細胞是個很微妙的東西，培養它相當耗費時間與金錢，而且不在健康保險範圍之內，所以治療費用很高。雖然副作用很低，但是現在還沒有確切消滅癌細胞方法。

◎每個人都有罹患癌症的可能性

癌症是大約3個人之中就有2個人會罹患的疾病，所以每個人都有罹患癌症的可能性。

雖然我們能運用三大療法來消滅癌細胞，但很可惜的是，卻都沒有辦法完全消滅癌症，事實上甚至有癌細胞繼續增加的趨勢。

我並不贊成使用三大治療方法。三大療法會使體溫下降，淋巴球也隨之減少，造成奪走身體戰鬥力的反效果。我不能接受這些如同在抑制免疫作用的治療方法。如果你正在接受三大療法，我認為最好快快停止。

以肺癌來說，雖然吸菸率降低，但是死亡率還是持續增加。即便不抽菸還是會罹患肺癌。

癌症終究是一個原因不明的疾病。

但是，從白血球與自律神經的關係來看，在大部分癌症病患的血液當中，會發現顆粒球增加而且淋巴球減少，使得身體處於交感神經緊張的狀態。

有許多病患都有身體和精神方面的壓力。因為工作的關係，過於勉強自己，造成心理層面的煩惱；勉強自我與凡事忍耐的重重壓力，將使身心無法放輕鬆。

重要的是，我們要去重新認識造成自我壓力的生活模式。不要過度追求完美，只要達成目標的七成就好。為了解除精神的壓力和肉體的疲勞，生活不要過於緊張，也就是說，輕鬆愉快地生活就好。

維持良好心情非常重要。不要認為癌

症是可怕的、恐怖的或是很糟糕的疾病，重要的是，要抱持者癌症會治好的心態。

以前我曾經在參加大學教授的評選中數度落選，在灰心喪志時，引發了胃痛。健康檢查的結果是「接近黑色」。而到精密診斷結果出來才經過幾個禮拜的時間而已，我卻整整瘦了6～7公斤。所幸結果是「白色」，是因為壓力而造成的糜爛性胃炎。在檢查結果出來之前，我反覆地自問自答，到底是不是癌症？在內心的反覆糾葛下，產生了壓力。

對於在意檢查結果的人來說，會因此造成極度緊張的狀態，而使得交感神經占優勢。所以，健康檢查的頻率大約每半年做一次就可以了。像我自己在所任職的大學裡，都不再接受任何其他的健康診斷。

當癌細胞逐漸成長擴大，壓迫到周圍的內臟器官，我也認為必須摘除。但是如果是因為擔心癌細胞轉移，就大範圍地切除掉不必要去除的部位，甚至還切除掉淋巴結，那麼結果會是連正常的細胞都會遭受到傷害。雖然在感到疼痛的時候，可以使用藥物和放射線治療，但是這些都不可能治癒癌症。

如果投與抗癌藥物直到腫瘤完全消失，則會使得淋巴球的數量減少，因而再度形成腫瘤。如果使用少量抗癌藥物的低用量療法，以此與身體中和，淋巴球就會增加。

如果能有效整合自然治癒力和近代醫學，癌症治療應該會達到飛躍性的成果。現在，請不要再認為癌症是很恐怖的東西，癌症絕對不可怕！

癌是血液的淨化裝置

◉血液的汙濁與冷，都會製造癌細胞

癌症之所以寫成癌，正意味著它是像岩石般的疾病。皮膚癌、肝癌和乳癌，只要經由觸診就會有硬硬的感覺。所有的物體一旦變冷就會變硬，癌症從某方面來說也同樣是因為冷而引發的疾病。

身體裡面有不會形成癌症的臟器，也有容易形成癌症的臟器。不會形成癌症的臟器是心臟、脾臟和小腸等，會自己發熱的臟器。心臟大約占體重的二百分之一，並且會產生11％的體熱。脾臟是紅血球聚集之處，而且會提高體熱。小腸為了消化和吸收食物而進行蠕動運動，是需要消耗許多能量的臟器。

相反地，容易形成癌症的臟器都是管腔，裡面都是空洞，而且周邊只有細胞的肺、食道、胃、大腸和子宮等臟器。由於這些臟器會接觸到比體溫還低的氣體，因此是臟器溫度更低的易冷型臟器。

另外，乳房由於突出於身體，也會呈現溫度偏低的狀況，所以容易怕冷的女性容易罹患乳癌。乳癌的形成和乳房大小無關。每個人運送營養的血管數量相同，而乳房比較大的人，其乳房溫度偏低，所以較容易罹患乳癌。

癌細胞很喜歡冷的環境，體溫在35℃的時候，最容易分裂增殖；而癌細胞最不喜歡熱的環境，所以體溫在39.3℃以上的時候，癌細胞就會死亡。

甲狀腺是掌管新陳代謝荷爾蒙分泌的地方，但是如果甲狀腺的運作過於活躍，會持續發熱和發汗，所以甲狀腺機能亢進症的患者，罹患癌症的機率是一般人的千分之一以下。由此也可以了解，熱可以有效地去除癌細胞。

中醫方面認為，癌是汙濁血液的一種最終淨化裝置。所以即使強硬地去除癌細胞，仍然無法根本地解決癌症。

如果能把體內一部分汙濁的血液排除到體外（放血），就可以維持乾淨的血液。因此，所有的癌症都會呈現「出血」的症狀。為了從腫瘤排泄出汙血，就會產生血痰、吐血、血尿、血便和不正常出血的狀況。

即使手術切除掉癌細胞、用放射線消除癌細胞或用抗癌藥物消滅癌細胞，仍然無法去除掉形成癌症的原因。所以最好不要使用抗癌藥之類致癌性強的藥物。

從問卷調查的結果顯示，約有高達90％的醫師在面對自己罹患癌症時，會拒絕使用抗癌藥物治療。

白血球和癌細胞相當類似。首先，兩者都會在血液和細胞內自由移動。另外，也只有白血球和癌細胞才能從細胞膜釋放大量的自由基，並且貪婪地吞噬細菌等異物，所以兩者都有淨化血液的作用。而癌細胞也會產生增殖作用。

西醫也會用溫熱療法（hyper-thermia）來對付癌症。如果想要防禦癌症，就要確實溫熱身體，並且淨化、排泄汙濁的血液，這樣才是有效的預防方式。

發燒和轉移是對癌症反擊的開始

◉癌的強敵是熱

癌症的發病，是從僅僅一個細胞的異常增殖開始的。一旦細胞核控制細胞增殖的遺傳基因發生異常，將導致細胞變異成癌細胞，並且無限制地增殖。這種異常現象和自律神經的紊亂有關，加上交感神經持續過分緊張，會使顆粒球增加，由於大量的自由基破壞組織，進而引發疾病。副交感神經的運作受到抑制，破壞癌細胞的淋巴球減少，對癌細胞的攻擊力變弱，使得癌細胞繼續增殖下去。

從已經累積超過數百個以上的癌症病的患治療結果來看，我發現，為了治療癌體內必須的淋巴球數量為1800～2000個／立方毫米以上，如果數量在1800個／立方毫米以下，病況就會變得很不穩定。

從事癌症病患的治療中我發現到，轉移現象正是治療癌症的機會。癌細胞轉移的病患之中，幾乎所有人的淋巴球數目都超過2000個／立方毫米。而且在轉移的期間，病患勢必會發燒好幾天，但是轉移之後，病況會改善許多。

從這個事實來看，我認為轉移現象是癌細胞被淋巴球攻擊後所呈現的戰敗狀態，在戰敗之後只好四處分散移動到其他組織裡，這就是真實情況。

越是恐懼癌細胞會轉移的人，越會對我的說法持全盤否定的態度，但有不少例子是，在不急著退燒的情況下，刺激副交感神經，使其占優勢之後，癌細胞就會開始縮小。如果能使淋巴球增加，改善血液循環，並持續高熱，將能使怕熱而變弱的癌細胞無法抵抗淋巴球的攻擊。

早在一百多年以前就有美國的外科醫師報告發表癌細胞遇熱會減弱攻擊能力的性質。他們發現罹患天花、瘧疾、丹毒（溶血性鎖球菌所引起的症狀）等疾病的病患會發高燒，於是了解到癌症能因此而自然治癒。

證據顯示，發燒和轉移是反擊癌細胞的起始，所以如果使用解熱劑、抗癌藥物或放射線治療，將會導致無法戰勝癌細胞轉移的攻擊。

如果無論如何都要接受三大療法，一定要注意，不要讓免疫力下降。從治療的結果而論，當淋巴球的數量低到１０００個／立方毫米，最好停止治療。

雖然我不敢斷言使用自律神經免疫療法可以百分之百治癒癌症，但是如果能維持免疫力，停止進行治療，反而有和癌症共同生存的可能。

只要了解原因，就可以明白，其實癌症並不是頑症，而是可以治癒的疾病。

因為「癌＝死亡」的既定印象過深，所以最重要的是，要抱持著自己主動參與、積極治癒的心態。

癌症末期，帶著主動參與治癒的決心前來就醫的病患當中，有人的腫瘤標記是無法呈現實際狀況的。治療，主要是要靠病患自己本身的努力，醫師只不過是在旁支持而已。

消除壓力、改善不良的生活習慣、身體力行副交感神經占優勢的養生方法，這些都是患者可以自己在家自我管理的事項。一旦病患自己主動參與治療，就沒有時間煩惱自己的病情。

異位性皮膚炎

福田　稔

◉原因

異位性皮膚炎英文atopic源自希臘文atopos，意思是「異常的疾病」。這是一種慢性濕疹反覆發作而產生的皮膚疾病。

產生過敏的惡性循環主要原因有遺傳、體質、家塵、灰塵、害蟲、塵蟎等過敏原，以及壓力、加工食品、汙染物等各式各樣的原因。

過敏原一旦進入到體內，淋巴球就會進行排除，並且會接受巨噬細胞的指令，辨識異物為抗原，T細胞對B細胞發出命令，製造攻擊過敏原的抗體免疫蛋白E（IgE）。再從帶有皮膚和黏膜上的IgE受體的肥胖細胞中，釋放出組織胺等化學物質。如此在和過敏原的反覆接觸中，就會使IgE體內累積超過一定的含量，因而發生過敏。

然而，過敏真正的原因是自律神經紊亂所帶來的血液循環障礙。由於副交感神經占優勢，血管過度擴張而無法收縮，造成血液堵塞，形成瘀血。

當血液循環不良，從外界入侵的花粉和塵蟎等異種蛋白質、化學物質就會停滯在體內。異位性皮膚炎就是身體對這些異物產生想要將其排出體外的反應。從皮膚的排出是皮膚炎，從呼吸器官排出的則是哮喘、鼻水和噴嚏。

處在運動不足、過於乾淨以及過度保護下的生活環境中、吃太多又甜又軟的食物等，都會導致副交感神經過於占優勢，這正是異位性皮膚炎形成的原因。

◉症狀

通常在幼兒時期出現的症狀，會隨著

年齡增長而有所變化。嬰幼兒時期會在臉部和頭部等部位，出現黏答答的濕疹；兒童時期會以手肘和膝蓋內側等部位為中心點，形成看起來乾乾的濕疹。即會產生嚴重的發癢症狀，也會有許多搔癢所留下來的傷疤。

IgE抗體有時也會變成導致支氣管哮喘、過敏性鼻炎等，症狀接二連三發作的「過敏疾病進行曲」。

皮膚的防禦機能若降低，會產生傳染性膿痂疹、傳染性軟疣、單純性疱疹等皮膚的感染症和眼睛周圍的濕疹，經過又摳又抓的刺激，也可能會造成視網膜剝離和白內障。

老年人和身體虛弱的人，因為缺乏引起發疹和炎症反應的體力，所以幾乎沒有老年人的異位性皮膚炎。

◎治療法

西醫會使用類固醇藥物來做處方藥。

類固醇藥物並不是治本的藥劑，它只是一種抑制症狀的藥物。即使能暫時止住症狀，但很快又會再次出現，若再繼續使用下去，症狀還是會反覆出現。如此重複下去，最終只會使病情惡化而已。

類固醇是副腎皮質素荷爾蒙，但是藥物的類固醇藥物是從膽固醇合成而來，頻繁地塗抹，會使膽固醇沉澱於皮膚上，和皮膚氧化。一旦皮膚氧化變質之後，類固醇藥物就不大能排泄出來，進而會累積在皮膚裡面。

類固醇藥物的副作用是皮膚會萎縮變薄，血管壁會變得脆弱，免疫力也會被抑制。此外，還會產生肥胖、月亮臉、致癌作用、失眠、白內障與青光眼、大腿骨壞死、類固醇潰瘍、骨髓的成長受阻礙、促進老化、容易引發感染症等副作用。懷孕期長期服用，可能會對胎兒造成影響。

類固醇會使交感神經緊張，長期使用的成人病患，會產生強烈的交感神經緊張狀態，結果會使得副交感神經掌管的身體排泄器官機能下降，導致疾病難以治癒。

其實最重要的是要能改善血液循環，使誘發過敏反應的物質能排出體外。皮膚長出斑疹，是身體本身清除滯留體內毒素的反應。因復發作用而產生的紅腫皮膚和黃色膿液，是為了讓氧化變質的膽固醇能夠順利排出體外的好轉反應。

總而言之，就是要停止用藥，並且使身體溫熱，促進排泄作用。

復發作用一定會出現，在復發期間，顆粒球會增加，而且皮膚會惡化。一旦穩定之後，淋巴球就會增加。只要能夠安然度過復發作用的時期，症狀就會改善，白血球也能重新恢復平衡。

除了改善飲食，當然還要積極地搭配使用乾布摩擦、運動、指頭按摩、半身浴和積極地排汗。天氣很冷的時候，煮飯時可在糙米內加入一匙寒天粉一起煮，可以使身體變暖，並且促進排尿。

雖然有些人覺得這裡介紹的治療過程太過簡單，不認為這樣能治癒，往往一開始都無法完全配合。但是真正採用這種治療方式而痊癒的人，都很推薦這種方式。

■主要的類固醇藥物

類固醇藥物的強度，一般以最強（strongest）、非常強（very strong）、強（strong）、普通（mild）和弱（weak）5個程度來表示。最強的類固醇和最弱的類固醇之間，強度程度相差高達數千倍之多。強度主要是以比較血管收縮率等來做分類。

最強	Dermovate、Diflal、Diacort
非常強	Myser、Methaderm、Rinderon-DP、Fulmeta、Antebate、Topsym、Simaron、Visderm、Nerisona、Texmeten、Pandel、Adcortin、Adeson
強	Voalla、Zalucs、Lidomex、Rinderon-V、Betnevate、Flucort、fruson、Propaderm、Eclar、Tokuderm、Fluvean
普通	Almeta、Ledercort、Kenacort-A、Kindavate、Testohgen
弱	EurasonD、Glymesason、Dexamethasone、Drenison、Eurax H、Terra-Cortril

■在消除過敏症狀的過程中，所引發的復發反應步驟

Step 1 感到身體很冷，即使泡澡、用棉被包裹起來，仍然冷到顫抖不止。

Step 2 皮膚流出黃色膿狀惡臭的液體，可在患部貼上紗布或繃帶包覆，吸附膿液。為了保護傷口免於受到感染，行動暫時不自由。

Step 3 皮膚狀態變得紅紅乾乾。頭髮和睫毛脫落。乾乾的皮膚開始有白色粉狀物掉落。在精神上也會產生憂鬱症狀。

Step 4 眼瞼出現水腫和浮腫。發癢。血壓下降。也會出現暈眩和肩膀僵硬的情況。女性的生理現象會停止。失眠。

因為復發作用，使體質確實改變，讓原本流不出來的汗變得可以流出體外，皮膚的顏色也回復到原本的狀態。

注意改變兒童的生活環境

◉停用類固醇，改變生活環境

近20年來所爆發的異位性皮膚炎，和兒童的生活方式有關。現在因為少子化，每個家庭的兄弟姊妹人數都很少，就會對小孩產生過度保護的現象。

對嬰兒而言，哭泣其實是很自然的現象。但是嬰兒一哭，父母親就會馬上把孩子抱起來，想讓孩子不要再哭。所以現在漸漸看不到兒童在有討人厭的狗糞和壞菌的公園玩耍，或滿身泥濘地遊玩。

父母給小孩的玩具也盡是電視遊樂器、漫畫、卡通這些只能在室內玩的東西；總是讓小孩任意食用甜食，再加上常常晚睡晚起的生活方式。在某一方面來說，是有它的好處，這樣會使兒童的交感神經沒有緊張的時間。

以前的小孩早睡早起，在家幫忙做家事是理所當然的，連吃零食都要在規定的時間內。也不像現在要去補習，有非常充裕的遊玩時間。再加上以前的住宅通風，非密閉式空間，可以說是最適合鍛鍊免疫力的環境。

小孩的淋巴球數量原本就比大人多，住在充滿塵蟎和灰塵的密閉家中，在被過度保護下成長的孩子，一旦走到都是廢氣排放的外界，暴露在過敏原旺盛的環境中，就會使淋巴球產生過度反應，這也是理所當然的。

在副交感神經占優勢的情況下，會抑制代謝，使體溫偏低，因而失去活力。因此，會缺乏抗壓性，內心難以承受壓力。

因此孩子經常在舒適地過完暑假之

後，就會開始有拒絕上學、遭受欺負、人際關係不良等事件發生。

最近，由於注意力缺陷的過動症案例變多，好動的小孩也成了問題。然而我認為這是運動身體使體溫上升，是在保護自己身體的健康。

形成異位性皮膚炎的原因是副交感神經占優勢，所以沒有使用類固醇藥物的需要。如果長時間持續塗抹類固醇藥物，會使皮膚組織氧化變質且累積膽固醇。這樣會刺激並使交感神經緊張，顆粒球增加，導致皮膚發炎。如果為了進一步抑制病況而使用強效的類固醇藥物，將會導致不斷地惡性循環下去。

注意到長期使用類固醇藥物危險性而停用的人雖然增加了，但仍有不少人為復發作用而苦惱。

皮膚變紅變腫，或者溼答答地流出黃色的膿，很多人都誤認為是復發現象。然而，這些現象是將沉澱的氧化變質膽固醇排出體外的反應。

在兒童身邊的人，應該要把排泄體內毒素的反應，與溫暖保護身體視為重要的事。首先，要勤加打掃房間，避免食用冰冷的食物和飲料，用去除氯氣的水來洗澡等等，試著改變環境看看吧！

吃太多甜食會使交感神經、副交感神經產生劇烈變化。

皮膚排出老舊廢物和多餘的水分

◉將不需要的物質排出體外的生理現象

世界上有成千上萬種疾病，當遇到原因不明的疾病，西醫就會在病名上冠以「原發性」「特發性」等名詞。

中醫則會把原因不明的疾病，與其他疾病一同視為是因為血液汙濁所引起。因此，異位性皮膚炎也是屬於血液汙濁所引發的疾病。是因為攝取過多的肉和乳製品等高脂肪食品、運動不足以及壓力而引起身體的畏寒。

濕疹、蕁麻疹和異位性皮膚炎也一樣，是藉由皮膚把體內多餘的水分和汙濁的血液排出體外的生理現象。

然而，使用藥物讓皮膚停止發疹，會把原本應該從體內排出體外的老舊廢物留在身體裡面，宛如停止大小便一般。抑制排泄作用，對身體沒有任何好處。

皮膚是身體最大的排泄器官之一。濕疹、蕁麻疹和異位性皮膚炎的症狀，是因在肝臟和腎臟等器官的解毒和白血球的吞噬作用，無法完全將老舊廢物和毒物解毒，就會產生從皮膚排泄出來的現象。

西醫會視皮膚出現的症狀為疾病，而施以類固醇藥物和抗組織胺劑等來治療。然而，應該治療的標的不是皮膚，而是體內的汙濁物才是。

用對症療法來抑制病狀，雖然一時之間看起來有好轉，但是多數時候症狀還是會持續復發。

如果相當難以忍受皮膚的發紅和發癢，或是影響到工作和讀書專注力的時候，在無計可施的情況下可以使用類固醇藥物，暫時恢復體力。但若要長期使用，仍有疑慮。

根本的改善方法是吃飯盡量多咀嚼，減少飯量，利用運動或泡澡等來提高體溫，促使身體流汗，只要能將體內的水分和老舊廢物排出體外就好。

一般人都認為，異位性皮膚炎的患者最好不要曬太陽。因為曬到太陽會讓皮膚發熱，將體內的水分和老舊廢物，一鼓作氣地排出體外。表面看來，症狀的確是更惡化，但是幾乎所有病例都是經過一段時間之後就會好轉。如果去海水浴，最初的2、3天，因為海水浸泡到皮膚，會有皮膚潰爛的感覺，但再過一段時間後，症狀通常都會獲得急速的改善。

異位性皮膚炎是水毒和陰性的疾病。太陽的光線屬於陽性，海水的鹽也屬於陽性，因此，夏天的海水浴效果相當顯著。

只要積極運動，溫熱身體、使血液中的老舊廢物燃燒，淨化血液即可。在淨化的過程中，為促進排泄，不宜吃過多的食物，但是可以喝胡蘿蔔蘋果汁來增強免疫力。

一般而言，吸收作用會阻礙排泄作用的進行，所以不吃食物可以促進排泄。只要在早上斷食、多運動和泡澡，讓腸胃休息，就能讓排泄器官活躍起來。習慣這個方法之後，再運用半日斷食和真正的斷食改善體質。

◉喚醒孩子獨立心，別再寵溺

兒童的過敏疾病是因為淋巴球過多所造成。白血球的組成比例，從出生到4歲為止，顆粒球會比淋巴球多；4～15歲左右，兩者的比例接近。在兒童時期，兩者比例差不多時，淋巴球會多一些。等到大約15～20歲的時候，顆粒球開始增加到54～60％，而淋巴球占35～41％，和成人有相同的比例。

原本兒童隨著年齡成長，自律神經達成平衡，淋巴球減少，過敏的症狀自然就會痊癒。然而，如果完全不能痊癒，到青春期時甚至會有更嚴重化傾向。

最主要的原因，可歸因於使用會使免疫受到抑制的西醫類固醇藥物，以及過度保護小孩的家長，特別是母親和祖父母。

兒童過敏病患的特徵是百分之百都會有上半身往前傾的姿勢，身體由於類固醇藥物的副作用，使得從臉部到頸部中心的肌膚會有一圈圈黑色。剛開始在手肘和膝蓋等彎曲的部位會發紅，持續惡化下去就會發黑，皮膚表面變得像鱷蜥般的硬皮狀態。此時肌膚會完全缺乏透明度。

這種疾病是因為副交感神經占優勢所引起，所以刺激交感神經來取得平衡很重要。要讓病患本身不再過度嬌弱，坦然面對人生的態度很重要。家長情緒隨著孩子的病狀起伏，以及過度保護的態度，反而會拖延病狀。

治療時間一般是年齡越小所需時間越短，因為類固醇藥物的影響，導致年齡越大，治療就要花比較多的時間。在準備考

■不同年齡層兒童治療異位性皮膚炎前後白血球變化

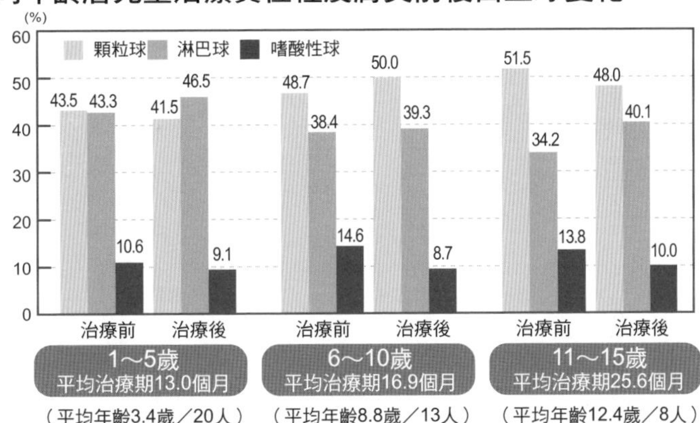

共同點是在治療之後淋巴球都會增加，但是做為過敏指標的嗜酸性球會減少。淋巴球的數量之所以在治療之後增加，表示病患在治療前因為交感神經占優勢，導致排泄能力下降，血液循環有障礙。經過持續治療，身體會調整為符合年齡比例的平衡。

試等壓力比較大的情況下，交感神經緊張就會呈慢性化。

有些兒童病患的治療期會拉很長，即使已經超過15歲，也一定會由母親陪同前來醫院，這類家長趾上小孩因為怕痛而想逃避治療時，並不會加以訓斥。能夠在短期內治癒的病患，通常是願意提早前來接受治療並且態度積極的患者。

為了排出累積體內的藥劑，只能溫熱身體，讓血液循環變好，促進排泄，身體發癢的時候，抓癢可讓血液循環變好。塗抹很多藥劑的部位會比較慢治癒，但是經過多次的復發作用，症狀將獲得改善。

請不要寵溺小孩，培養他們的獨立心吧！

代謝症候群

石原結實

◉恐怖的代謝症候群

這裡的代謝症候群（metabolic syndrome）是指內臟脂肪症候群。

所謂的代謝症候群是指內臟脂肪型肥胖外加高血糖、高血壓、血脂肪異常等等，動脈硬化的危險因子，有超過兩個以上症狀同時出現。

換言之，代謝症候群是指因內臟脂肪型肥胖而容易引發高血壓、高血糖、高脂血症等生活習慣病潛在病患。

這些疾病各有其治療方式，但不管是哪種症狀，根本原因都是來自於腹部的內臟累積脂肪導致的內臟脂肪型肥胖。

內臟脂肪會分泌一種名為脂肪細胞激素（adipocytokine）的生理活性物質，如果累積過多，就會使得由脂肪細胞所分泌的容易控制血糖值、抑制動脈硬化的良性生理活性物質減少。相對地，容易引起糖尿病、高血壓、高脂血症的惡性生理活性物質的分泌量就會增加，而容易引發血管發炎和血栓症狀。

身體對代謝症候群不會有自覺症狀，所以很容易被忽略。然而，一旦形成代謝症候群，即使只是「血糖值有點高」「血壓有點高」等尚不能稱為疾病的階段，也會因內臟脂肪型肥胖而併發多重病症，很容易就迅速形成動脈硬化。

根據二〇〇四年日本國民健康與營養調查顯示，40～74歲罹患代謝症候群的人，大約有940萬人，潛在病患（內臟脂肪型肥胖，再加上有高血糖、高血壓、脂質異常狀態其中一項的人）大約有1020萬人，總計約有1960萬人。推測中高齡男性約每2人有1人，女性約每5人有

■代謝症侯群的診斷標準

必須項目	必須項目　內臟脂肪累積		
	腰圍：男性90cm／女性80cm以上 （內臟脂肪面積男女都是100cm²左右）		

上面的必須項目要滿足「內臟脂肪累積」的條件，下面的選擇項目要滿足「2項」以上

選擇項目	脂質異常	高血壓	高血糖
	三酸甘油脂（TG） 150mg／dL以上 而且／或者 HDL膽固醇 40mg／dL未滿 過多三酸甘油脂的增加和HDL膽固醇減少的問題。	收縮壓 130mmHg以上 而且／或者 舒張壓 85mmHg以上 比高血壓「最高（收縮期）血壓140mmHg以上／最低（舒張期）血壓90mmHg以上」低的數值為標準。	空腹時血糖值 110mg／dL以上 比糖尿病「空腹時血糖值126mg／dL以上」低的數值，為分類「臨界型」糖尿病準備的標準。

維持站立的姿勢並吐氣，用捲尺測量肚臍的水平線高度。當肚臍的位置往下移動，測量肋骨下面的線和前上腸骨棘的中點的高度（如右圖）。

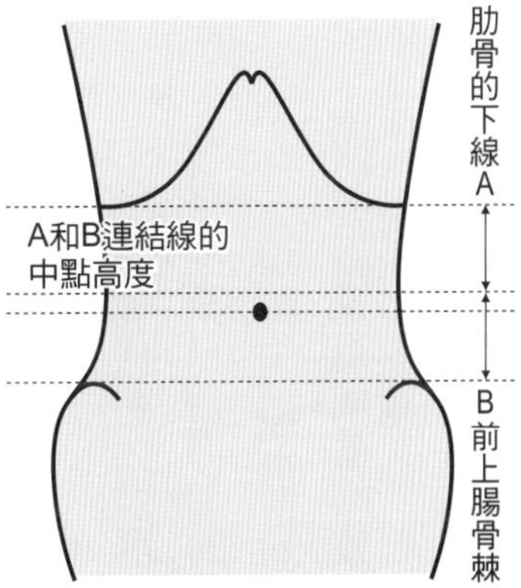

利用特定檢查的BMI標準

BMI值25以上。附帶說明BMI是指（Body Mass Index）指數，
用體重(kg)／身高(m)²來計算。
例如：身高170cm、體重90kg的人
90÷（1.7×1.7）＝31.14
31.14就屬於高度肥胖的狀態。

BMI	
未達18.5	瘦
未達18.5～25	標準
未達25～30	肥胖
30以上	高度肥胖

日本肥胖學會定義BMI值在22的人，不容易產生和肥胖相關的疾病，BMI值超過25的人就算是肥胖者。

■內臟型肥胖

腰圍的內臟周圍脂肪累積的肥胖型。上半身像蘋果的形狀，累積過多的脂肪，所以又稱為蘋果型肥胖。

血糖值標準
空腹時血糖值100mg／dL以下

1人，會成為代謝症侯群的潛在病患。

代謝症侯群會有引發其他疾病的危險性，像肥胖、高血糖、高血壓和高脂血症。這四個危險因子的種類越多，危險度就越高。

例如引發心臟病的危險性。假設完全沒有任何危險因子的人，其危險度是1，具有一個危險因子的人是5.1倍，具有兩個危險因子的人是5.8倍，而帶有三~四個危險因子的人的危險度則是高達35.8倍之多。

二〇〇八年4月開始，針對40歲以上5600萬日本民眾（醫療保險加入者、被扶養者），特別是代謝症候群的潛在病患和符合者，進行糖尿病等生活習慣病（慢性病）的早期發現與治療，以預防發病為主要目的，進行特定健診、特定保健指導，進行所謂的義務性新陳代謝檢查。

特定檢查的標準，加入了BMI值，空腹時血糖降至100 mg／dL左右，正常值的範圍變得更窄。

接受診斷之後，將受診者分為對象外、有動機的支援、積極支援三個階段，被判定為對象外以外的人，將成為特定保健指導的對象。

這些人被規定要安排時間和保健師與營養管理師面談，並進行保健指導諮詢。積極支援是利用面談、電話和電子郵件等方式，進行長達3個月以上的保健指導。

這種代謝症侯群對策產生的原因，是為了削減日益增加的醫療給付費用。

預防生活習慣病在削減醫療經費上，將會帶來更顯著的效果。

◉原因

這類代謝異常的疾病，在自然醫學上來看，被認為是體溫偏低所造成。

血液中的血糖、三酸甘油脂、膽固醇，是人體必要能量的來源。是維持生命與健康活動的必需物質，可以說是如瓦斯爐中的瓦斯一般。瓦斯爐在燃燒的時候，如果中間用水來滅火，就會有瓦斯殘留，形成燃燒不完全的狀態，因為原本應該要燃燒掉的瓦斯卻殘留了下來。

也就是說，因為無法燃燒完全，血糖、三酸甘油脂和膽固醇就會殘留下來。

日常生活中，攝取過多茶、水、咖啡和清涼飲料等的人，與身體畏寒的人，他們的體內有原本應該要燃燒掉的血糖、三酸甘油脂和膽固醇滯留，因而形成高血糖、高三酸甘油脂和高膽固醇。

體溫每下降1℃，基礎代謝就會降低12％之多，所以體溫如果偏低，脂肪和糖分的燃燒會變差，在產生高脂血症和糖尿病的同時也會造成血管收縮、血液的流動惡化，進而誘發高血壓。所以排泄水分、提升體溫，在身體健康上是很重要的一件事。

高血壓

石原結實

◉原因

高血壓是作用於血管（動脈）血液的壓力值，因為某些原因變得比正常值高的疾病。高血壓是指高壓（收縮壓）在140㎜Hg以上，而低壓（舒張壓）在90㎜Hg以上的情形，又稱為沉默的殺手（silent killer）。如果置之不理，會有腦中風、心臟病、腎臟病等危險因子併發的風險。

幾乎所有的高血壓都沒有特定的成因，遺傳、肥胖、抽菸、攝取過多鹽分、喝太多酒、運動不足和壓力等，都可能引發高血壓，稱為原發性高血壓（又稱本態性高血壓）。

續發性高血壓是因為腎臟病等所引起的腎性高血壓或腎上腺的疾病、甲狀腺機能亢進等，有其他疾病存在所引起的高血壓。腎臟狀況變差的時候，腎臟會分泌一種稱為腎素（Rennin）的酶，製造出的荷爾蒙與血管收縮素會使得血管強力收縮，導致血壓升高。

鹽分的特性是會從周圍吸收水分，當血液中的水分增加，血液的量也會增加，心臟就得花更多力量去推送血液，鹽分因此被視為高血壓的原因。雖然日本大約在70年前興起了減鹽運動，然而即使減鹽，高血壓患者卻仍然持續在增加中。

◉症狀

高血壓這種疾病大多是沒有任何自覺的症狀。但是，一旦變成收縮壓180㎜Hg、舒張壓在110㎜Hg以上的重症高血壓，就容易出現頭痛、暈眩、倦怠感、耳鳴、肩膀僵硬等症狀。

◎治療法

在一九八〇年所實施的日本國民營養調查指出，進行1萬人追蹤調查的結果顯示，14年後，沒有服用降血壓劑者，比有服用者的自立度（如果不靠別人幫忙就無法恢復健康的人，與即使罹患疾病也沒有後遺症，能自立的人，兩者來做比較）來得高。服用降血壓劑的患者中，高血壓（和正常值的人比較）在160～179的人，自立度比較高。調查的結論是不服用降壓劑的人比較好。

因為血壓會運送營養素、氧氣和免疫物質到身體各個部位，所以不可強硬地降低血壓。

如果血液循環不良，就會變得沒有精神，容易罹患感冒和憂鬱症。

當高血壓出現一些症狀，雖然有必須服用降血壓劑的情況，但是也要考慮到高血壓的根本原因，除了有鹽分的攝取、動脈硬化，還有畏寒和下半身肌力不足。

因此，重要的是要養成良好生活習慣，平常多運動，讓身體溫暖並促進發汗。

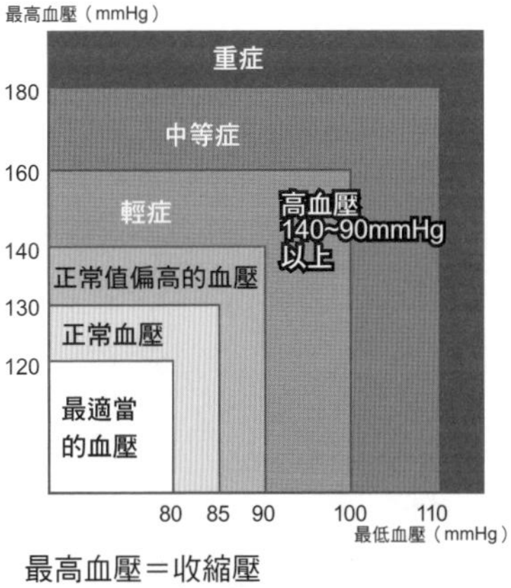

最高血壓（mmHg）
重症
中等症
輕症
高血壓 140~90mmHg 以上
正常值偏高的血壓
正常血壓
最適當的血壓
180
160
140
130
120
80 85 90 100 110
最低血壓（mmHg）

最高血壓＝收縮壓
最低血壓＝舒張壓

收縮壓在140mmHg以上或是舒張壓在90mmHg以上就是高血壓。但是，在醫院和健康檢查的時候會因為緊張，使得血壓可能會比平常高10～20mmHg。

高脂血症

石原結實

◉原因

　高脂血症是指溶解在血液中的脂質（血清脂質）異常增加。是膽固醇、三酸甘油脂（Triglycerides）、磷脂和游離脂肪酸這四種脂質過度增加的疾病。

　原因在於攝取過多的肉類、雞蛋和乳製品等動物性脂肪，再加上運動不足，使得原本應該燃燒掉的脂肪殘留在體內，導致血液汙濁，這就是疾病產生的原因。

　因為膽固醇攝取過多，使得脂質附著於血管內壁，導致血管內腔變窄，動脈壁變厚變硬，結果使得血管堵塞不通，形成高脂血症。

　有時體溫偏低也可能形成高脂血症。因為膽固醇屬於脂肪，如果身體溫暖，這類物質應該要被燃燒掉。

　總而言之，醫生必須要詢問病患平常喜歡吃些什麼。即使是瘦的人，也要控制飲食中的糖分和脂肪；膽固醇值偏高的人，則要考慮到陰性體質而體溫偏低的情況。喝太多冷飲使身體偏冷，會使脂肪、膽固醇和糖分無法燃燒掉。

　因水分攝取過多或是身體偏冷所引起的高脂血症也不少。

◉症狀

　罹患高脂血症時，身體完全沒有自覺症狀。如果置之不理，可能會引起動脈硬化，導致發生心肌梗塞和腦梗塞。

◉治療法

　雖然我們都認為膽固醇是不好的物質，但是實際上，膽固醇是體內細胞膜的成分，也是荷爾蒙（腎上腺皮質荷爾蒙和性荷爾蒙）與膽汁的原料，而且還有助於消化作用。膽固醇不但是力氣與體力的指標，面對壓力的時候，更具有能提昇防禦反應的作用。

根據美國北卡羅萊納大學的研究指出，膽固醇值高的消防人員，責任感比較強、比較優秀也比較具有社交性。膽固醇值如果偏低，腦內細胞變得難以利用血清素（serotonin），就會造成情緒不穩定，容易形成具反抗性與暴力的傾向。

但如果一味地用藥物來降低膽固醇值，將會有抗壓力變差，免疫力下降的憂慮。另外也有免疫學研究報各指出，膽固醇值高的人比較長壽。

可以利用散步等運動或舒適地泡澡來溫暖身體，也可以多食用梅乾、味噌、明太子、小魚乾和鹽鮭魚等能溫熱身體的陽性食物。

要預防因為血液結塊、血栓造成堵塞冠狀動脈和腦動脈的血栓症，可以多喝能溶解血栓的生薑紅茶。

■高脂血症的診斷標準

總膽固醇	220mg／cl以上
LDL（低密度脂蛋白）膽固醇（有害的）	140mg／cl以上
三酸甘油脂（Triglycerides）	150mg／cl以上
HDL（高密度脂蛋白）膽固醇（有益的）	40mg／cl未達

多餘的膽固醇會回到肝臟運作，如果HDL減少，會增加動脈硬化的危險性。

糖尿病（第二型糖尿病）

石原結實

◉原因

糖尿病是胰臟的胰島β細胞所分泌的胰島素慢性不足而引起的疾病。

胰島素具有協助將血液中糖分送入細胞，形成能量來源並加以利用的作用。

胰島素不足將使得細胞無法吸收血液中的糖分，而使糖分殘留在血液中，形成高血糖狀態。因為細胞內能量不足，使殘留的血糖排泄至尿液中，因此稱為糖尿病。此外，不只葡萄糖等醣類，甚至會造成蛋白質和脂質的利用產生障礙。

一般認為，原因在於吃太多、肥胖、運動不足等的生活習慣，導致胰島素分泌量降低。

◉症狀

初期幾乎沒有自覺症狀。身體會想以水分稀釋體內的血糖，然後和尿液一起排出體外。因此除了會產生口渴與尿多的症狀，血糖因無法被細胞利用，會出現空腹感、變瘦、視線模糊與倦怠感等症狀。

因為細菌喜歡糖分，容易在糖尿病患者的體內增殖，所以容易引發發癢、膀胱炎和肺炎等症狀。而且，如果血糖值總是偏高，白血球的力量會變弱、免疫力也會下降，就容易引發各種疾病。

◉治療法

如果嚴格進行飲食療法與運動療法，胰島素會變得不容易分泌，使糖尿病的病情更加惡化。許多糖尿病患者都有上半身胖、下半身瘦的體型特徵，下半身多半較虛弱。

中醫稱此現象為「腎虛」。所謂的腎

是指下半身的腎臟、泌尿器官與生殖器官，是人類具有的生命力表徵。下半身的肌肉衰弱，消耗的糖變少，血液中的糖就會殘留下來，形成高血糖。腎虛的症狀是腳發麻、浮腫和精力減退等。

在生活上要養成走路、舉重、深蹲等能鍛鍊下半身的運動習慣，並且食用胡蘿蔔和蓮藕等植物的根莖。建議多攝取會妨礙糖分吸收的高纖維食物，和具有降低血糖值成分的洋蔥。

■糖尿病的三大併發症

這是糖尿病特有的併發症，如果不控制血糖，從糖尿病發病開始大約10～15年會出現。

糖尿病性神經障礙

最早出現的症狀。末梢神經障礙會出現各式各樣的症狀。手腳麻痺、不會察覺傷口和燙傷的疼痛。還會出現肌肉萎縮、肌力低弱、腸胃不適、起立時頭暈、異常發汗和陽痿等各式各樣的自律神經障礙症狀。

糖尿病性腎病變

腎絲球體的微血管受傷，漸漸變成無法形成尿液。這個時候，只好用透析治療藉由機器過濾血液中不需要的成分，形成尿液。每週2～3次，因為得去醫院等地方進行透析，所以會對日常生活造成重大影響。這是必須做透析治療原因的第一名。

糖尿病性視網膜病變

會入侵眼底的視網膜血管，導致視力不良。不會產生視力模糊和疼痛等自覺症狀，等到發生異常變化的時候才發現就已經太晚了，其中還有許多導致失明的情形發生。

導致糖尿病的低體溫與高血糖

◎沒有吃太多，還是會得糖尿病

一聽到糖尿病，多數人都會聯想到飲食過量。許多罹患糖尿病的人，都是做事情全力以赴的類型，所以他們經常會工作過度、過分勉強自己、過於忍耐，導致血糖上升。醫生雖然會建議要改善飲食生活，但是卻沒有強調解除壓力的重要性。認真工作的上班族，不需要忍餓變瘦。

許多患者都是藉由大吃大喝來排除這些壓力，其實真正的病因，是來自於慢性的交感神經緊張。因此，糖尿病的產生到底是吃太多，還是壓力太大，實在有必要清楚區別。

壓力導致疾病，真正的原因是壓力會造成交感神經緊張，交感神經的緊張導致體溫降低，進而使血液中能量來源的葡萄糖增加。

人體的能量來源，是以葡萄糖為原料所合成的ＡＴＰ（三磷酸腺苷），ＡＴＰ是由存在於細胞內的粒腺體，利用經由血液送來的氧氣進行呼吸作用，所製造出來的產物。這些ＡＴＰ可以產生能量，被細胞用來進行各種反應。粒腺體最活躍的溫度，就是人體的健康體溫36～37℃。

一旦出現抑制血流的低體溫和低氧狀態，粒腺體的呼吸作用會受到抑制。如此一來，細胞就會因為能量不足而產生疲勞，體溫也就無法維持。細胞無法利用ＡＴＰ，所以血液中做為原料的葡萄糖就不會下降。

當然，人體除了可以運用粒腺體產生

能量，也可以透過所謂的醣解系統從葡萄糖直接取得能量。可是，粒腺體的作用會讓每1個葡萄糖產生36個ATP；相較之下，醣解系統只能產生2個ATP，所以要提供治療疾病所需的能量非常困難。

因此，身體之所以會自己發熱，就是為了要脫離低體溫狀態，讓血液流動順暢，粒腺體加快運作。可是，不用等到發燒，也可以透過外界提供身體氧氣和溫熱，發揮粒腺體的作用。

常做深呼吸、用溫熱的水泡澡約十分鐘到略微滲汗為止、適當的日光浴、快走，這些都可以讓身體從低溫狀態下解放出來，讓粒腺體充滿精神，身體便可再度恢復應有的治癒力。

另外，為了要讓氧氣可以充分供應給腦部的粒腺體，上半身的鍛鍊就非常重要。但也不要過度，因為粒腺體如果活動太過旺盛，導致過度疲勞，反而有引發猝死的可能。有時也會引起熱衰竭、中暑、放射線導致的傷害、泡湯後遺症等等，由於心肌和腦、骨骼肌中存在數量較多的粒腺體，容易引起心臟停止、失去意識、痙攣等病變。

除了糖尿病，心肌梗塞、腦梗塞、腎衰竭、癌症等組織病變，也都是從低體溫、高血糖現象開始的。

對付高血壓，減少鹽分更要減少水分

◎三種類型的高血壓

中醫把高血壓分成真實高血壓、偽高血壓、晨間高血壓三類。

真實高血壓患者，是臉部會潮紅，屬於「陽性體質」的人。具「陽性體質」的高血壓患者，因為體內累積脂肪和鹽分，所以不需要讓體溫升高，也不用去除屬於陽性的「鹽分」。

偽高血壓患者，多屬臉色蒼白的「陰性體質」。年輕的時候多半是低血壓，到了更年期，下半身容易發冷、肩膀容易僵硬、頭痛、暈眩，且會伴隨出現高血壓。這類人則適合排除體內的鹽分並使身體溫熱。

晨間高血壓則是指低的血壓在中午以前比下午以後來得高，但運動後血壓可以下降。這類患者即使服用降壓劑也不容易見效，反而會更加惡化。

晨間高血壓的患者，腦中風和心臟病發作的時間，多半會集中在早上6～8點之間。

從黎明到中午之前，人體促進動脈硬化和心臟肥大的腎素——血管收縮素（醛固酮系統荷爾蒙），會從腎臟大量分泌，也是原因之一。但是由於起床時的時間帶，體溫和氣溫都比較低，寒冷會使血管收縮、血流不良，導致血壓上升。因此，起床時要活動身體，促使體溫上升，如此血管就能擴張，血流也能順暢流動，就可以降低血壓。

從前的人常說，血壓在冬季時會上升，夏季時會下降，上午較低，下午較高。運動和洗澡的時候，也會比較高。這些常識，現在已經不適用，不能再視為理所當然。

夏天時血壓會上升，上午和起床的時候血壓會提高，運動後血壓會降低等。對這些和血壓有關的常識，一無所知的大有人在。

高血壓的主要成因，是鹽分和水分攝取過量。鹽屬於陽性食材，由於身體要維持體溫才能正常運作，若過於限制攝取量，反而會導致身體變冷。此時只要適量添加可以提升美味的鹽分，就可以讓身體順利運作。

水分攝取過多，也是血壓上升的原因。在炎炎夏日中，往往會因為水分攝取過量，體內的血液量自然會增加。過多的血液會被運送到身體的每個角落。因此，心臟的負擔就比平常來得高，進而導致血壓上升。其次，身體因為體溫過低，導致體內廢物無法燃燒，反而會讓血液變得汙濁不堪。所以，請切記要多排尿，並小心不要過度攝取水分。

下半身的肌肉不夠發達，也會影響血壓。

高血壓患者之所以會隨著年齡的增長漸增，就是因為下半身肌肉衰弱，血液集中在上半身的緣故。這些血液一旦集中在腦部而溢出，就會發生腦溢血。

高血壓的人，如果藉由走路或者較緩和的運動，訓練下半身的肌肉，讓血液可以流向下半身，就可以獲得明顯的改善。

進行足部和腰部的運動，可以減輕心臟的負擔。下半身的肌肉如果發達，微血管會增加，血液可以流動的部位也會增加，血壓就會因而安定。所以，請大家多運動吧！

福田稔

頭和身體都會發生的血流障礙

◉用手觸診可以瞭解身體狀態

自古以來就有所謂的觸診，醫師最先對患者進行的動作就是觸診。例如，碰觸患者的手足，看看是不是呈現寒冷的現象；再碰觸頭部，看有沒有發燒的現象。諸如此類，利用觸診就可以很清楚了解不同患者的個別狀態。

我個人比較重視的是頭部的狀態。如果仔細觀察頭部的皮膚，可以明顯看見表面有線條延伸。而且，在患者感到疼痛的部位，也可以觀察到比較特殊的線條走向，尤其是特別疼痛的部位會有些微的凹陷。

頭部皮膚的線條雖然因人而異，但是這些線條的走向，確有其共通規則。這些線條從後頭部和側頭部經過耳朵的前後，往下到頭部的頸靜脈，再從鎖骨的內側往上半身及下半身持續延伸。

這種線條顯示患者有血流障礙。高血壓、糖尿病和高脂血症等的疾病，都是血流阻礙所造成。對壓痛（壓下去會有痛覺的現象）的部位進行刺激，具有效果。

虛血（血液不通的狀態）的時候，可以發現皮膚表面比周圍皮膚更暗沉，並且會浮現灰色的線。

瘀血（血液停滯不流動）的部分，則會浮現出紅色的線條。瘀血程度越嚴重，壓痛的程度也會隨之增強，可以好好分辨清楚並給予刺激。

自律神經免疫療法會使用注射針頭、電子針及磁氣針等，刺激全身的治療點（壓痛點）。使用注射針頭的效果最為迅速又方便使用，電子針和磁氣針則普通。

用注射針頭刺激治療點時，會感覺到一陣刺痛，而且會有少量出血。

如果是健康的人，刺完後會馬上流出鮮紅色的血液。身體狀態不佳、生病，以及有過勞症狀的人，會因為交感神經過度緊張而血流不佳，所以不會馬上出血。流出的血也會呈現深色且帶有黏性。

在日常生活中，持續進行指頭按摩療法，可以改善這些症狀。

■利用磁氣針刺激所觀察到的溫度（皮膚體溫）變化圖

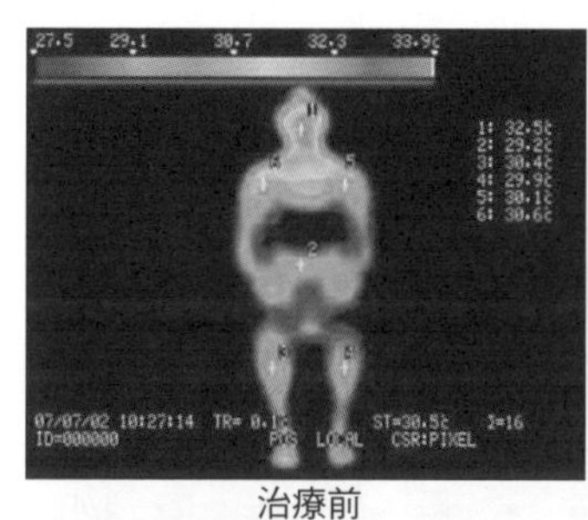

治療前　　治療5分鐘後　按壓手足井穴與頭旋

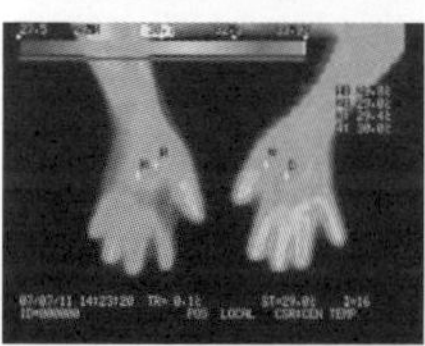

刺激前

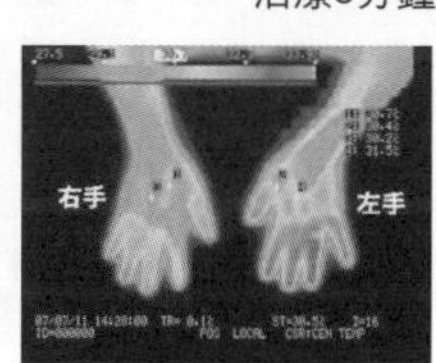

刺激後5分鐘
只有左手井穴

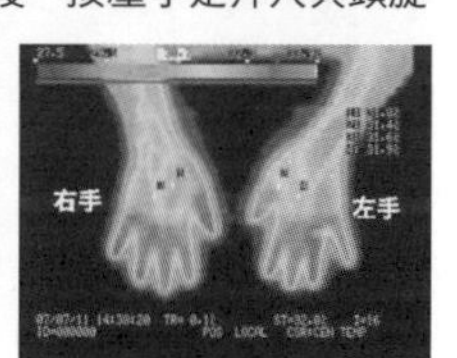

刺激後10分鐘
增加右手井穴

上面的黑白圖片雖然不是很清楚，但是磁氣針的確能讓體溫上升。電子針、磁氣針的刺激較溫和，不會出血也不會痛，所以也適用於兒童。

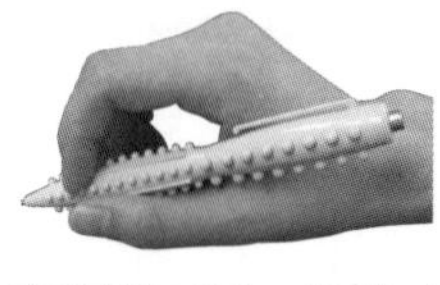

資料來源：Soken Medical

◎透過身體所學到的生活方式

我在演講的時候，常被問到「應不應該停止服用高血壓藥」這個問題。雖然我的答案是最好可以停止服用，但是對已經長期持續服用這些藥物的人而言，驟然停藥難免會覺得不安，總是會擔心萬一血壓突然急遽竄升，會導致腦部血管出問題。

如果對突然停藥感到不安，可以先詢問醫師，藉由飲食和運動來提高體溫。等到累積一定程度的自信心後，詢問醫師是否可以初步先減少兩成的藥物。如果身體狀態確實比停藥前來得好，就可以再進一步減少兩成用藥量，最終目標則是用自己的力量來進行治療。這是因為只要免疫力上升，疾病就會痊癒。

曾經有患者問我：「醫師，我除了服用抗癌藥物，同時還接受手術和放射線治療，現在是不是已經為時已晚了？」

這時候，我都會這樣對他說：「出一點錯也是好的，犯過錯的人才會覺醒。」

所有疾病都是身體想要恢復健康所產生的現象，所以無論哪一種疾病，都可以藉由停止服藥、改變生活方式來改善。

血壓容易受到情緒的影響，動不動就生氣、太過勞累、憂慮過度等，都會導致高血壓。

一旦壓力過大，體內的自由基會增加，將導致細胞加速氧化。此時，因為體內的防禦機制啟動，皮下脂肪和肝臟就會釋放出抗氧化力較高的膽固醇和三酸甘油脂，再經由血液運輸到體內各個需要的部位，因此才會造成高脂血症。

血糖的變化也是如此，經常熬夜、工作過度的生活方式，會攝取過多能量，就容易產生糖尿病。

如果情緒、壓力或生活方式有造成負擔，身體都會反應出來。正因為這世界如此地變化無常、過度忙碌，所以身體就以這些症狀來告訴我們，我們應該悠閒愉快地過日子。

比起醫師，病患本身更能切身感受到，其實藥物和手術、化學藥劑並無法真正完全治療疾病。因此拿了處方藥後，沒有服用的患者越來越多。目前醫療的現實狀況是，即使患者可以選擇藥物、手術種類、治療法，卻無法選擇不接受治療。

所謂不治療的選擇，是因為醫師不願意負起治療責任，請病患轉診的結果。但是如果仔細思考，病患把自己的性命完全託付給素昧平生的醫師，就是因為誤以為醫師可以治癒自己所患的疾病。事實上真正能治癒疾病的，既不是醫師，也不是藥物，而是患者自己本身。

現代的醫學可以說已經來到了饒富趣味的轉換期。只要人們意識到，藥物無法治療慢性病，反而會使之惡化，就會盡全力往正確的方向前進，但是我想還需要更多時間才能達成。雖說如此，但在醫師當中，已經有人開始對現代醫學產生質疑，採用漢方與針灸等療法者增加。看來，21世紀的醫療發展值得我們樂觀其成。

從血液的汙濁到導致疾病的過程

◉淨化血液的反應

中醫的基礎理論認為，所有疾病的根源都來自於瘀血。身體為了淨化血液，會產生出各式各樣的反應。因此，千萬不要忽略由身體顯現出的瘀血訊號。

血液一旦開始汙濁，人體第一個反應就是立即利用皮膚的排泄機能，將老舊廢物排出體外，就是所謂發疹的反應。舉凡蕁麻疹、濕疹、乾癬、化膿疹等，這些都是身體排出老舊廢物的現象。

西醫常使用類固醇與抗組織胺，試圖抑制發疹症狀。當然，為了緩解發疹會產生的食慾不振、失眠等症狀，這種處置是無可厚非。但是正本清源之道，應該是要排除體內的老舊廢物。

不能藉由發疹把血液的廢物排出體外、體溫較低的人，或高齡者、體力較差的人，以及以藥物抑制發疹的人，就會產生下一個病症——發炎。舉凡肺炎、支氣管炎、膀胱炎、膽囊炎等，都是利用細菌的力量引起發炎症狀，藉以燃燒體內的老舊廢物。此時，為了燃燒老舊廢物，就會導致發燒。另外，為了暫時阻止導致血液汙濁的最大來源——飲食過量，則會產生食慾不振的現象。

雖然在西醫看來，細菌、病毒和真菌（黴菌）都是病原菌，當然要使用抗生素來治療，但是細菌的原始任務本來就是分解地球上的老舊廢物，它們只是盡其本分地行使其作用而已。其實我們只要飲用蛋酒和熱薑湯，讓體溫上升發汗，排除血液中的汙濁物，病菌自然失去了活躍舞台，發炎的症狀也會隨之消失，這樣才是合理的作法。

何況，一味地利用化學藥劑進行抑制作用，將容易導致動脈硬化等病變。這是因為雖然淨化了血液，血液中的汙濁物卻沉澱、黏著在血管內壁上的反應結果。如此一來，血液的通道就變得越來越狹窄，從心臟把血液壓出來的力量，就必須變得更加強大，最後將導致高血壓。

西醫對高血壓的處理方式是降低心臟的壓力，多半會使用β阻礙劑和血管擴張劑。短期間內雖然可以奏效，但是如果持續錯誤的飲食生活和運動量不足的生活，血液仍然會繼續變得更加汙濁。如此一來，汙濁的血終究會凝結成血栓，直到出血讓血液淨化為止。森下敬一醫學博士早在50年前就說：「癌症是血液中廢物的淨化裝置」，這句話從中醫的角度來看，還真是一針見血的理論。

■血液汙濁所導致的疾病進行過程

血液一旦變得汙濁，身體就會利用發疹、發炎、動脈硬化等反應來淨化血液。如果這些反應都沒有效果，最後就會運用癌症來設法淨化。所以，千萬別忽略了身體的求救訊號！

第1階段 發疹
皮膚中的汗腺可以排汗，皮脂腺有可以把皮脂等老舊廢物排出體外的機能。血液一旦開始變得汙濁，首先就會利用皮膚的排泄機能，來將老舊廢物排出體外。此時發生的皮膚問題就是發疹。

第2階段 發炎
當血液的汙濁物無法排出體外，體內就會產生如肺炎、支氣管炎、膀胱炎、膽囊炎等發炎症狀，都是為了燃燒血液中的老舊廢物。而伴隨著發炎的症狀，還會有發燒和食慾不振等現象。

第3階段 動脈硬化
當身體無法藉由發疹或發炎的方式將血液的汙濁物排出體外，汙濁物會沉澱黏著在血管內壁，以淨化血液。這樣就會導致動脈硬化。動脈硬化再嚴重些就會導致高血壓的產生，最後無法淨化的血液就會形成血栓。

第4階段 癌症
當血液的汙濁化已經無法以上述方法改善，癌症的發生就成為最後血液的淨化法，也就是將汙濁集中於身體的一個地方，變成腫瘤，然後利用腫瘤出血將汙濁的血液排出體外。因此癌症是最後的血液淨化法。

從問診推估治療疾病的時間

◎眼瞼所浮現的顏色

我對患者問診的時候，會有一些必問事項，這些問題是根據自律神經免疫療法的診斷為基礎，以淋巴球和顆粒球的比例數據所得來。當然也會詢問精神狀態、睡眠、食慾、排便是否順暢等。但除此之外，我還會要病人閉上眼睛，看看眼瞼所浮現的影像顏色。

如果是顆粒球偏多的交感神經緊張狀態，會是呈現黑色或藍色；如果是淋巴球偏高的副交感神經占優勢時，則會浮現出白色或紅色。

免疫呈均衡狀態，也就是治癒的時候，眼瞼浮現的顏色則是暗紅色。這裡所謂的暗紅色，是像夕陽般的顏色，會浮現出蜻蜓、黃昏的影像。其他也有如日本的鳥居和祭典時常見的日本傳統色等。

中國古代習慣在黃昏時進行結婚儀式，所以婚姻的「婚」字是以女字旁加上一個黃昏的「昏」字而成。或許可以說女性的結婚可能是人生中最幸福的時期。

以下的圖，就是我根據以往針對癌症、過敏性皮膚炎、憂鬱症等病患，進行初診時所得資料的統計結果。

正常人的淋巴球比例約為30～34％，有些人則為42～45％。理想比例應該在35～41％之間，這類患者治癒所需的時間最短。

如果應用這套理論，應該可以一一說明中國古代醫學書中提到的未病、陰陽、虛實等迷團。

■自律神經混亂而產生的七大類症狀

檢查項目	交感神經緊張（顆粒球過多）		正常	副交感神經占優勢（淋巴球過多）	
臉色 初診時淋巴球的比例	黝黑 24%以下（寒冷症）	蒼白 25～34%	暗紅色 35～41%	紅色 42～40%	白色 50%以上（寒冷症）
面相	凶惡、不悅			紅臉、頹喪	
心情	焦　躁			有氣無力	
睡眠	失　眠			嗜　睡	
飲食	食慾不振（食量小）			暴飲暴食（飲食過量）	
排便	便　祕			腹　瀉	
體溫	畏寒（虛血所致）			畏寒（鬱血所致）	
治癒所需期間	約2年以上	約1～2年	約6個月	約6個月～1年	約1～2年
眼睛閉上，眼瞼浮現的影像（顏色）	黑	青（淡藍色）	暗紅色	紅	白

自律神經恢復平衡後的狀態

檢查項目	自律神經恢復平衡	檢查項目	自律神經恢復平衡
臉色	粉紅色、明亮剔透 淋巴球　30～47%	睡眠	夜夜好眠
		飲食	食慾良好，可自我控制
面相	表情開朗、眼睛炯炯有神	排便	順暢
心情	有活力、平穩	體溫	寒冷症狀消失（對溫度變化可正常反應）

陰　陽

交感神經占優勢、淋巴球比例在34%以下的類型，要讓淋巴球數目增加需要較多時間，所以治療期間也較長。淋巴球比例在42%以上、副交感神經占優勢的類型，治療期間就比較短。所有疾病都有相同的傾向。若淋巴球比例雖低，但數量多，治療期間也會較短。

憂鬱症

福田　稔

◎原因

我們常把憂鬱症形容為心的感冒。它是毫無由來地，覺得提不起勁，缺乏生活的能量，結果導致精神及身體產生各式各樣的不適症狀。在壓力沉重的現代社會中，根據調查，每5人就有1個人有過憂鬱症的經驗。

依照西醫的說法，憂鬱症是因為腦內神經傳導物質異常減少所致。但是為什麼會減少，則狀況尚未明朗。

平常做事一板一眼、工作熱心、不苟言笑、完美主義、工作和家事都不肯交給別人做、正義感和責任感強烈的性格，缺乏柔軟性不知變通，隨時都在擔心升遷、轉職、生產、親人的病痛或死亡等生活環境的變化，這一切其實都是壓力的來源。

以中醫的角度來看，憂鬱症是氣的不調所致。氣的流動一旦變差就會產生不安感、悲傷、焦慮、憤怒、懊惱、自責、失望、羞恥心等，並且停留在這些負面情緒中無法自拔，思考和行動也會因為煩惱而受阻。更甚者，還會造成血流障礙及體溫大幅偏低。

上述的現象，基本上是因為副交感神經過度興奮所致。但是如果長期服用抗憂鬱藥劑、精神安定劑，則會導致交感神經緊張型的血流障礙及虛血症。

如果從白血球的均衡來看，無論交感神經過度興奮，或副交感神經過度興奮，兩者都有所偏差不夠均衡。只是副交感神經過度興奮者會有瘀血現象、依賴心強、好撒嬌、自立心薄弱。很多時候患者缺乏可以自我療癒的決心，都是因依賴性強，導致自律神經紊亂。這樣一來，就容易呈現頭熱腳冷的狀態。

◎症狀

因為工作或日常生活不順心而導致的情緒低落，雖然會造成精神和肉體的不適，但是這些症狀往往無法檢驗出來。

■憂鬱症的症狀

精神的症狀

心情憂鬱、悲觀，思考力、集中力、判斷力、記憶力、注意力低下，凡事漠不關心、感覺不到快樂、工作效率低、不想與別人見面、不想和任何人共處。

肉體的症狀

失眠、食欲減退、體重減少、性慾低下、頭重感、頭痛、暈眩、胃部不適、便祕、口乾舌燥、肩膀僵硬、背部和腰等身體局部疼痛、呼吸困難、心悸、手腳麻痺、盜汗、排尿困難、女性月經不順等。

以前的憂鬱症患者幾乎是無法出門、什麼都不能做。但現在即使受苦，仍在社會中為公司和家庭打拚，結果出現、增加了持續2、3年輕度憂鬱症的新型案例。

輕度憂鬱症患者外觀與一般人並無差異，有時候只會被單純地誤判為孩子氣，而且自己也無法察覺到其實這是憂鬱症在作祟。

憂鬱症患者常會兩手放口袋、視線往下、走路時彷彿腳提不起來似的拖著走、臉色陰沉且毫無生氣。長期服藥的患者，則會變得好像戴著面具一般，臉上沒有任何笑容。

◎治療法

現代醫學通常會建議患者先行休養，然後利用抗憂鬱藥劑的藥物療法與精神療法相互搭配進行治療。建議病患應遠離造成壓力的原因，無論身體與心理，都要盡量放鬆，再服用抗憂鬱症藥物。

但是藥物能治療的部分，其實只有20～30％。根據統計，即使對症下藥，藥物治療後的復發率仍舊高達50％。抗憂鬱症藥物的副作用包括口乾舌燥、便祕、排尿障礙、尿閉塞等症狀。

總而言之，比起服用藥物，更重要的是要設法讓身體溫暖，呈現頭涼腳熱的狀態。雖然憂鬱完全是心理層面的顯現，但是身體變冷也不能等閒視之。

抗憂鬱劑和精神安定劑會使血管收縮，引起交感神經呈緊張狀態，這樣一來，就會使身體變冷的現象更嚴重。結果將會導致身體無法順利把壞的物質排出體外，更甚者，因為身體變冷，上半身的瘀血情形也會愈發嚴重。

所以可以嘗試使用各種讓身體暖和的方法，例如熱水袋、暖暖包、指頭按摩、泡溫泉、飲食療法等，來加以改善身體變冷的現象。一旦身體變暖，心情一定也可以變得開朗許多。隨著身體的暖化，元氣就會漸漸恢復，如此精神就會振作起來。要完全治癒憂鬱症一定要靠本人的力量才可以。

能支持憂鬱症患者的，只有家人。用「加油！」之類的話鼓勵患者，或者要他高興起來，往往會適得其反。假如病患的症狀已經嚴重到有自殺傾向，請務必仔細注意病患在言行上的警訊。除此之外，常對病患表達「治得好」「沒問題」等溫情的話語也很重要。

以目前的自律神經免疫療法來說，要治療到讓患者可以自我控制情緒，需要一段時間。如果貫徹保持頭涼腳熱，配合髮旋按摩法，就可以讓效果更快顯現。

憂鬱症患者髮旋周邊會有點水腫的觸感，如果能使用髮旋療法，頭部的血液就會順暢流動。氣順了，臉部潮紅的現象消失，下半身的畏寒症狀也會獲得改善。

有些患者一旦不服用抗憂鬱劑就會無法控制情緒，此時如果能持續利用髮旋療法3～4個月，之後便可停用抗憂鬱劑，並且活力十足。

依照患者的氣來調整，以促進血液流動，並且考量患者的性格和對事情偏差看法的修正，來使用自律神經免疫療法。只要病人自己有積極想要治癒的意願，並不是一件難事，甚至是出人意料的簡單。

■評估憂鬱症治療效果的指標

	治療前	治療後
臉部表情	呆滯無神	生動活潑
肢體動作	差	良　好
睡　眠	不足或過量	熟睡、醒得快
食　欲	過多或不振	一般、正常
情　緒	焦慮、提不起勁做事	安　定
排　便	便祕或腹瀉	順　暢
體　溫	偏　低	正　常

身體發冷容易產生負面想法

◉體溫與情緒直接相關

調查約60位憂鬱症患者的白血球（淋巴球與顆粒球的比例）結果顯示，屬於交感神經緊張型的和副交感神經緊張型的患者數目，剛好各占一半人數。

這樣的結果，說明了當人們一旦陷入充滿壓力和不安的環境中，往往會出現下列兩種現象。有些人會因為失去自信而放棄，有些人則反而努力過度。

人的體溫變低，不只身體會變冷，心也會變冷。也就是說，容易產生負面思想。反之，一旦體溫上升，不但身體變暖和了，心情也會雀躍並充滿活力。

要治療憂鬱症，就要從體溫著手，要先從心開始。最首先要做的，應該是讓身體暖和起來。因為患者本身無法確切知道該做些什麼，所以為了減輕家屬的負擔，利用溫熱療法，讓患者可以敞開心胸是最好的開始。

測量一個人的脈搏，當然可以了解精神和身體狀態。悲傷到手足無措以及心情低落時，脈搏的次數會明顯地減少。

在手腕根處花15秒的時間測量一下自己的脈搏，再乘以4倍看看。例如，如果在50～60之間，通常是陷入低潮的時候；65～70是正常狀態；75以上時，則是充滿幹勁；若是80以上，則是處於樂不可支或怒不可遏的亢奮狀態。

脈搏數和白血球有連帶關係。情緒高亢時，脈搏數較高，顆粒球的比例會升高。反之，當情緒陷入低潮，脈搏數則較少，此時淋巴球的數目會增加。

如果把體溫因素也列入考量，那麼無論身體狀態、幹勁、工作效率、心情都會受到影響。

夜晚來臨，副交感神經占優勢，此時人們會比較多愁善感且浪漫，容易產生妄想和幻覺。反之，白天時，交感神經比較占上風，此時人們會比較現實，妄想和幻覺容易消失回到現實世界中。

如果知道自己平時正常的脈搏數，就可以藉由脈搏變化來瞭解情緒和身體的狀態。當脈搏數降低，記得讓身體暖化；偏高時，則稍微讓自己喘息一下，來轉換情緒。無論是遇到痛苦還是讓人狂喜的事，身體都會老實表現出來。也就是說，測量脈搏會讓你的情緒無所遁形。

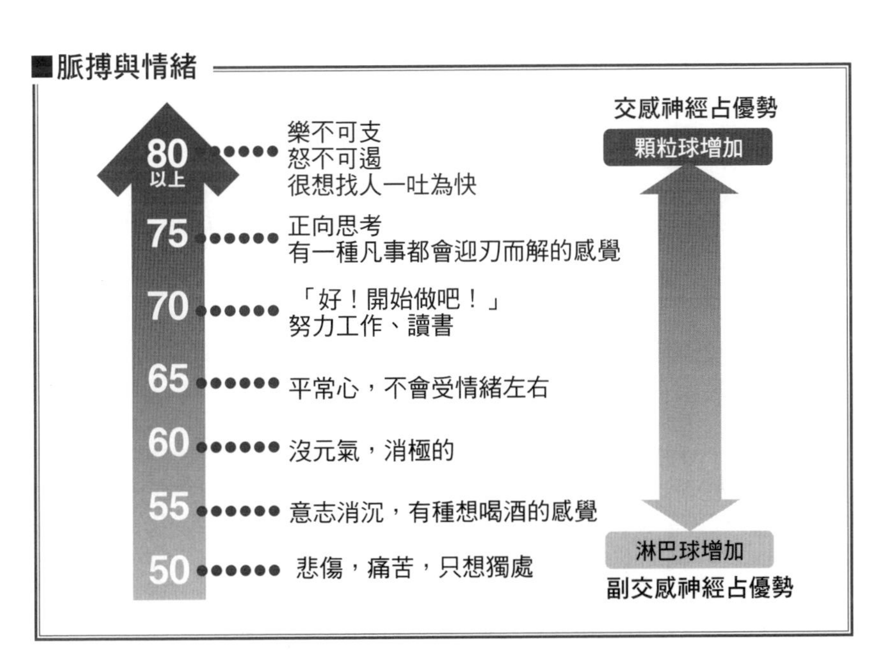

體溫偏低是憂鬱症的主因

◉心病與低體溫

身體一旦覺得寒冷，就容易導致疾病的發生。

據統計，日本每年自殺人口高達3萬人以上，這數字固然令人震驚，卻也和低體溫息息相關。自殺的人或多或少都曾經出現過憂鬱症的跡象。自殺個案數最多的國家，包括匈牙利、芬蘭、瑞典。日本則多分布在秋田、岩手、新瀉、青森縣等北部地區。這些區域都是氣溫較低，日照量也較少。

我認為低體溫就是憂鬱症的病因。現今社會急遽增加的憂鬱症，好發在冬季時節，事實上每年從11月到3月正是憂鬱症患者數最多的季節。這種現象也被稱為季節性憂鬱症。這些患者在春夏季時雖然表現正常，但秋冬一到，氣溫降低後便會因憂鬱症而苦惱。

憂鬱症患者有一種傾向是，上午體溫低的時候狀況比較不好，到了下午體溫升高後才會比較有元氣。

容易憂鬱的人通常身材並不矮小，而是身材較高大且和藹的人。此外較認真、較有責任感的人也容易得憂鬱症。這些都已是公認的事實。

目前已知，憂鬱症患者腦內的血清素和正腎上腺素等神經傳導物質的活性較低，所以和積極、活力相關的物質就會失去平衡，因而產生各種憂鬱症狀。

由於憂鬱症不被接納為疾病的一種，以往容易被視為是嬌生慣養和天性使然，所以本人與周遭的人也會感到無力，而不願努力面對。

以中醫理論來看，要讓氣血開通，最推薦的就是多用生薑和紫蘇。鼓勵多採行能讓身體溫暖的半身浴或泡澡，並且控制會引發寒症的水分攝取。如果可以接受，飲用生薑紅茶還可以維持保溫力、排泄力。

在印度，人們認為心的病是來自於月亮的病。如果月亮代表的是陰，那麼太陽代表的就是陽。比起光輝溫暖的太陽，滿月時的光就顯得寒冷多了。

根據紐約某家醫院一整年的統計結果顯示，月圓之夜所發生的交通事故、殺人事件、夫妻吵架等事件都比較多。這種現象也反應出，由於黯淡的光線導致身心俱冷，讓人做出了脫離常軌的行為。

■生薑湯

●將生薑磨碎，倒入濾茶器中。

●將濾茶器放在杯子上，用熱水沖泡。

●依個人喜好添加黑糖、蜂蜜或蜜棗。

■生薑紅茶

●在茶杯內先注入紅茶，再加入磨碎後適量的生薑沫。

●依個人喜好添加黑糖或蜂蜜。

白血球的比例和數量會影響免疫力

◉副交感神經占優勢的疾病增加

回顧20年前，當時調查病患白血球的結果，發現顆粒球與淋巴球比例以顆粒球占多數的交感神經緊張型患者占七成以上。

但是現在的趨勢截然不同，反而有六成的患者淋巴球偏多，也就是說，大多數的病患是屬於副交感神經占優勢。而且在這些患者中，有許多人會罹患本來是屬於交感神經緊張型患者代表性重症的癌症，這種現象也成了一種特徵。

讀者可能會覺得不可思議，既然淋巴球的比例偏高，為什麼還會罹患癌症呢？

在對病患的治療過程中有些案例顯示，雖然白血球失衡導致白血球數目過多，但反而會提早痊癒，因此才注意到在免疫系統中有品質和強度的問題。

白血球的平衡表示免疫系統的品質，而白血球數目則代表了免疫力的強弱。換言之，假如白血球總數偏低，那麼，即使淋巴球的比例很高，其絕對數目依然不足。反之，即使淋巴球的比例偏低，但是只要白血球數目夠多，淋巴球的絕對數目就夠多。

從癌細胞增殖的觀點來看，即使免疫系統的品質優良，如果強度不夠，依然無法抑制癌細胞增殖，自然會引發癌症。

以這樣的觀點來看，免疫系統的品質和強度，放諸各種疾病皆然。只要自律神經從一開始就能正常運作，就可以恢復自然狀態，讓病症朝痊癒的方向進行。

我當初能夠從嚴重到想自殺的憂鬱症

中痊癒，一開始就是讓自己滯留在頭部的瘀血流動到下半身，然後接受能讓腳部溫暖、形成頭涼腳熱的針灸治療。從此以後，我開始努力進行自我治療，包括聽收音機做體操、上健身房，從事各種運動讓身體越來越溫暖，最後終於恢復到可以順利進行演講和診療病人。

經過這番親身體驗後，我後來提出了對憂鬱症患者頗有療效的百會穴按摩療法。用這種方法對付憂鬱症，可以在一、兩年間完全治癒。雖然有時候會在治癒後8～12個月後復發，但只要再進行兩、三次的療程，病患就可以回到工作崗位。相信只要能徹底維持身體的溫暖，一定可以完全治癒。

■21世紀的醫療觀點

疾病是自己本身所製造出來的，當然可以靠自己的力量來治療。

希望人們能清楚認知到一個事實，那就是人類擁有無窮的自我療癒力。

要治療疾病，95%需要病患自身的力量，自己本身要積極努力，醫護人員能做的只有剩下的5%左右而已。

這5%主要是為了減少病患對疾病的恐懼感，依照病患的個性來著想，協助病患提高個人自我治癒能力。

所謂能治病的免疫力，指的是顆粒球和淋巴球的平衡一旦崩潰，就容易導致產生疾病。

免疫系統指的是白血球免疫系統的強度，就是白血球數目，而顆粒球和淋巴球的比例，則是代表免疫系統的品質。

類風濕性關節炎

安保　徹

◉原因

這是負責聯繫固定細胞與細胞之間結締組織之一的膠原纖維發炎時所產生的疾病。舉凡此類在膠原纖維中所發現的病變，統稱為膠原病。

膠原病是一類很難治癒的病症，種類高達50種以上。

這種疾病是因為負責分辨自己與外界抗原的淋巴球發生異常，對正常細胞和組織進行過度攻擊所導致的疾病，所以也屬於自體免疫疾病。

雖然西醫目前對於淋巴球為什麼會攻擊自己的原因還不清楚，但是都認為和病毒與遺傳的原因有關。

膠原病中發病率最高的，就是類風濕性關節炎。由於在多數關節中均有發炎現象，導致隨著病情加重，關節遭受進而失去關節的機能，好發於30～50歲左右的女性身上。

我從類風濕性關節炎觀察到的症狀，可以發現一個問題。根據患者白血球的分析結果顯示，關節液中的白血球分布狀況為顆粒球占98％，淋巴球只占約2％。

所謂的自體免疫疾病，通常被認為是因為淋巴球過多而攻擊自己身體，但實際上是因為淋巴球作用力衰退而抑制免疫系統，異常增多的顆粒球於是開始產生破壞組織的抑制免疫系統的疾病。而真正的原因則是來自於壓力。

特有的症狀有微熱、倦怠感、肌肉酸痛和紅腫等，這是因為身體為了修復自由基造成的組織破壞，所產生的血流障礙。

全身性自體免疫病患	器官特異性自體免疫病患
類風濕性關節炎、全身性紅斑性狼瘡、圓盤狀紅斑狼瘡、多發性肌肉炎、多發性血管炎、膠原病等	慢性甲狀腺炎、原發性黏液水腫、甲狀腺中毒症、貧血、原發性肺血鐵質沉積症、急性進行式腎絲球體腎炎、重症肌無力症、男性不孕症、早發性更年期、潰瘍式大腸炎、自我免疫型溶血性貧血、胰島素依存性糖尿病、胰島素非依存性糖尿病、愛迪生病、多發性硬化症、修格蘭症候群、慢性活動性肝炎等

變形性關節炎、痛風型類風濕性關節炎不屬於自體免疫疾病。全身性紅斑性狼瘡雖然很難完全不用服藥，但是可以做到減少藥劑用量。

■類風濕性關節炎的發生機制

初期症狀＝急性期：淋巴球引起的發炎

關節的疼痛跟發燒等全身症狀。主要是因為微小病毒及其他感冒病毒感染所導致。

此時屬於淋巴球過度反應所引起之發炎。微小病毒因為一般中高齡感染能產生免疫，所以很少會出現劇烈症狀。

中期症狀＝慢性期：顆粒球引起的發炎

以顆粒球為主的慢性發炎，會蔓延到全身。胸腺外分化T細胞因為拚命修復顆粒球破壞的組織，促使血流增多，結果引發疼痛和紅腫發炎症狀。這是因為抑制交感神經緊張，引發副交感神經之反射作用所致。

雖然用消炎鎮痛劑和類固醇藥物可以治療此一疾病，但是容易引發血壓上升、心律不整等其他疾病。

惡性循環期：漸漸轉為慢性化、難治化、併發其他症狀

持續半年以上服用效果不同之藥劑，也無法治療類風濕關節炎，而且會引發其他疾病。身體因低體溫導致血液循環不良時，甚至會產生顆粒球破壞組織的現象。

使用類固醇藥物會在組織內沉澱成為氧化膽固醇，其效果只是藉由冷卻身體阻止血液流動來抑制發炎症狀，一旦使用就只能持續增量，否則就會失效，一旦停藥立即會復發。

◉症狀

在多數關節中會出現如疼痛、僵硬、紅腫、發熱等現象。全身性症狀則包括虛脫感、倦怠感、全身疼痛、輕微發燒，有時會造成血管發炎及內臟（肺等）障礙。

初期症狀為晨間僵直化，早上起床手掌會因為僵直化而無法握緊，此一狀態若持續1小時以上就是類風濕關節炎。隨著關節開始發炎，會陸續出現紅腫、僵硬、疼痛等症狀，最後會導致關節變形，引發機能障礙。

◉治療

目前主流處方是利用類固醇與免疫抑制劑徹底抑制免疫作用，如果真的是免疫過度反應的疾病，當然應該使用免疫抑制劑。儘管如此，並無法完全治癒，因為這是屬於免疫力被抑制的疾病，若是又用了抑制免疫作用的類固醇，免疫力無法順利作用，將會離真正的痊癒越來越遠。

觀察類風濕性關節炎患者發病前的狀況，可發現多發生在感冒發作之後。病毒是病發的徵兆。事實上發病初期的關節疼痛和發燒等，都是因為病毒感染引發淋巴球反應的暫時性發炎。

顆粒球所導致的發炎之所以慢性地遍及全身，是由於胸腺外分化T細胞竭盡全力想要修復被破壞的組織，所引發的紅腫和疼痛症狀。此時，因為全身處於交感神經緊張狀態，所以並不會覺得疲勞。

西醫會以消炎鎮痛劑和類固醇來抑制症狀發生，所以只會暫時讓身體變冷、血液流動停止，從而抑制疼痛與紅腫的發炎症狀。一旦停止用藥，又會再度發生劇痛及紅腫。長期使用更會促使產生新的疾病，反而讓身體狀況百出，而且病症會越來越難以醫治。

一方面，因為使用具有抑制免疫作用

的類固醇，所以顆粒球與胸腺外分化T細胞並不會減少，總之越早減少藥劑用量越好。類固醇只需在症狀嚴重的急性發病期的短期間使用，除此之外的發炎症狀純粹是為了改善血液流動性。因為根本原因來自壓力，所以最好能活化副交感神經。笑口常開，注意身體的保溫，不要動不動就擔心無法改善或治癒，努力讓自己轉換心態，放輕鬆些吧！

■關節的變化

正常關節的構造

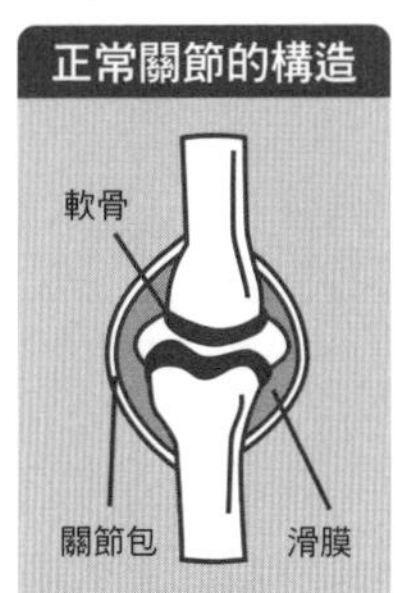

為了不讓骨頭與骨頭接觸，關節間隙中充滿了黏黏的關節液，具有彈性的軟骨則扮演緩衝墊的角色。軟骨會隨著年齡增長和體重增加而變少。關節整體都被關節包所包覆，位於內側的滑膜會分泌關節液，可以讓關節平順動作並提供充分營養。

發炎症狀的出現

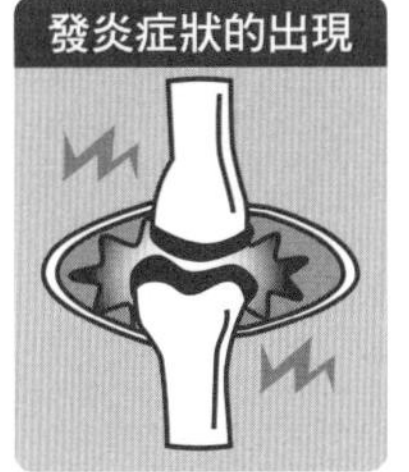

當滑膜發炎，關節就會產生紅腫疼痛的現象，水分也會喪失。早晨起床時，關節會僵直化，導致動作困難，關節會變得紅腫疼痛。

滑膜細胞的增殖

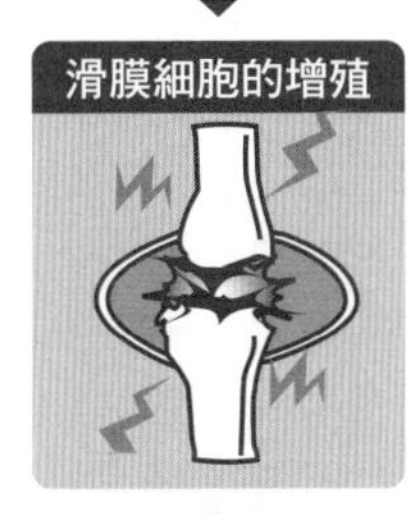

滑膜細胞的增殖會破壞軟骨和骨骼，此時會疼痛到舉步維艱，甚至無法坐下。

關節的變形

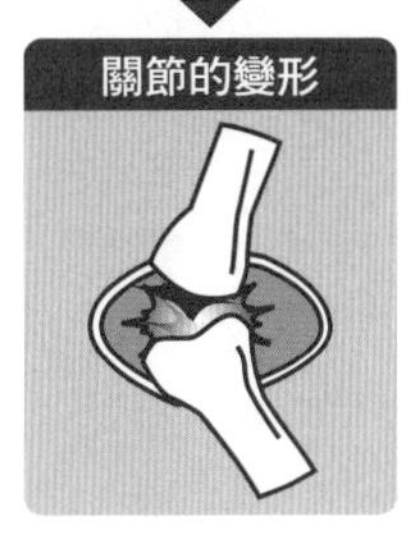

關節變形、僵硬，變成完全無法活動的狀態。

導致難以治癒疾病的消炎鎮痛劑

◎疼痛和紅腫是血液的復原反應

疼痛和紅腫其實是一種復原反應，也是我們身體和疾病戰鬥的過程。

疼痛的原因在於，受到抑制的血液恢復流動時的反射作用。身體為了改善血液流動的障礙，會使血管擴張，增加血液流量。同時增加過敏反應傳到感覺神經的各種化學物質，如乙醯膽鹼、前列腺素、組織胺等，導致發生紅腫與疼痛。

疼痛固然會引起身體不適，但是如果無法超越疼痛的焠鍊，疾病也就無法真正痊癒。

消炎鎮痛劑的作用是讓血管收縮，藉此遏止血流與疼痛感，同時抑制前列腺素的合成。換句話說，其實消炎鎮痛劑是一種終止身體自我治療過程的藥物。代表性成分包括阿斯匹靈、引朵美洒辛（Indomethacin）、可多普洛非（ketoprofen）等。

使用藥物，雖然可以暫時治好疼痛和紅腫的症狀，但是一旦藥效消失，捲土重來的症狀反而會更加嚴重。可以說和真正療癒的方向背道而馳。而疾病就會在這樣的惡性循環中週而復始，變得無法根治。

因此，我們應該要瞭解到，關節的疼痛、紅腫以及發燒等症狀，正是血液流動在改善的證據。

我們在反覆用藥中，將會漸漸變得依賴藥物，而無法擺脫疾病。

沒有人喜歡發燒和疼痛的感覺，但是只要我們能正確認識到發燒和疼痛的真正成因，以後再發生類似症狀時，就可以用感恩的心情，釋懷地度過。

不只口服藥物，其他如腰痛、膝痛時所使用的貼布等外用藥，也會經由皮膚吸收，透過血液運輸到身體各部位。長期使用會造成高血壓、失眠及糖尿病等。

想要完全治癒疾病的重點，就在於我們如何看待疼痛和紅腫等症狀。

■治療反應的作用機制

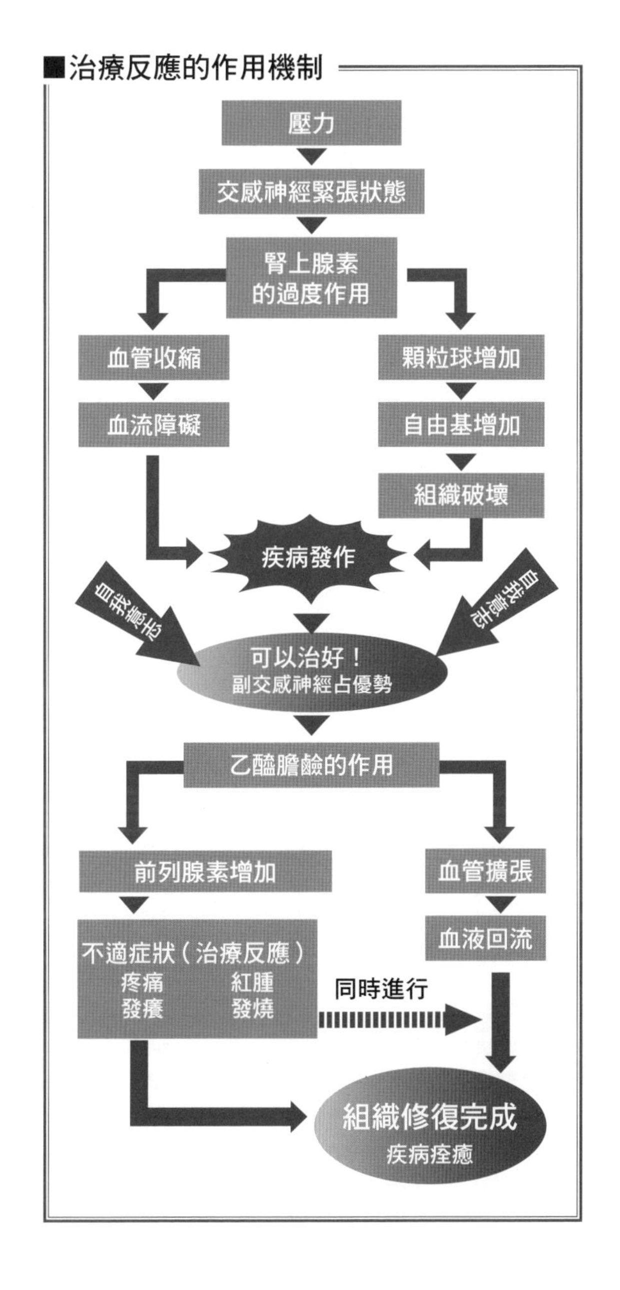

石原結實 寒冷、水毒、疼痛的三角關係

◎過多的水分會引發疾病產生

自然界中的雨水，平時固然被視為是上天的恩賜，但是如果降雨量太多，也會變成水災而招來禍害。同樣的道理，身體如果攝取太多水分，也會造成身體寒冷，引發疼痛。因此，身體必須藉由排泄水分來讓體溫上升。

身體的60～65％是由水分構成，同時水分也是化學反應不可或缺的物質。可是無論身體多麼需要水，過多的水分仍然會導致身體寒冷。所以攝取過量的水分，就會以伴隨著腹痛症狀的腹瀉、盜汗，以及夜間頻尿的方式來排出體外。

西醫認為，類風濕性關節炎是因自體免疫所導致，若以中醫的角度來看，則認為是由「寒冷」和「水毒」所造成。此一症狀會在梅雨季節、下雨的時候、寒冷期間，以及夏天冷氣房內等，水和冷明顯增加時更為惡化。

我觀察前來看診的類風濕性關節炎患者，大多都是身體運動量較少，喜歡喝綠茶、吃水果，白髮、較瘦的人，一看就知道是屬於陰性體質的人。

如果這時候把裝有溫熱飲料的杯子放在關節疼痛處，症狀便會立即獲得緩解。由此可知，寒冷就是造成疼痛的原因。

鎮痛劑常用來治療類風濕性關節炎，雖然可以止痛，但是同時多半也會有解熱作用，結果就造成身體寒冷，而且還要擔心下一次不定時來襲的疼痛感。

事實上，自從一九九九年日本厚生省許可後，某種類風濕性關節炎常用的免疫

抑制劑，在5年內，已造成138人因為間質性肺炎與出血症而不幸過世。

除此之外，還有令人怵目驚心的中毒性表皮壞死鬆解症（Toxic Epidermal Necrolysis，TEN）。這種病症的發生率很低，每一百萬人約1～6人會罹患。其主要症狀是皮膚產生紅斑，不久後會發生水腫，最後皮膚發黑，彷彿全身燒傷一般。而有些消炎鎮痛劑，就會導致這種嚴重的副作用。

傳統的消炎鎮痛劑阿斯匹靈在服用期間，如果遭遇外傷就很難止血。雖然我們可以利用這個特性，將緩衝阿斯匹靈副作用的小兒用百服寧（bufferin）運用在腦梗塞及心肌梗塞的患者上。可是如果長期使用，反而可能會造成胃與十二指腸潰瘍、腦出血、月經過多等出血性症狀、皮膚病、肝功能及造血機能的障礙。

中醫治療類風濕性關節炎時，常開的處方是能排除體內水分的「桂枝加朮附湯」。同時也可以利用適度的運動與入浴來溫熱身體。隨時要記得排泄水分，這些對類風濕性關節炎患者而言，是首要之務。

■石原式「冷」「水」「痛」的三角關係

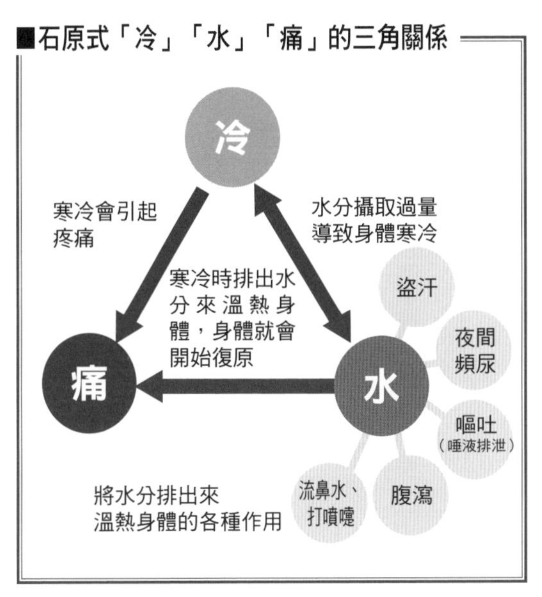

◉發生盜汗現象是身體好轉的前兆

類風濕性關節炎的真正原因，是來自身心的壓力，自由基破壞組織而引起關節發炎。西醫把注意力放在紅腫、疼痛和發炎等症狀上面，並使用類固醇藥物及免疫抑制劑來進行對症下藥療法。但長期使用下來，只會讓症狀更加惡化，使關節受到破壞，血流產生障礙。

想要完全治癒，首先諮詢醫師是否應該停止用藥。更進一步可以採用讓副交感神經占優勢的方法，來改善血流障礙。也就是讓自律神經恢復均衡狀態，減少顆粒球的數目。如此一來，就可以中止對組織的破壞作用。所以，類風濕性關節炎絕對不是不治之症。

雖然類風濕性關節炎的發炎程度可以用ＣＲＰ值來表示，但患者們有一個共通點，就是當疼痛開始緩解，晚上會大量的盜汗。這是因為副交感神經占優勢，開始促進排泄作用。

如果是事先大量使用過類固醇藥物的人，盜汗時還會發出惡臭。

令人感到不可思議的是，患者們在經過3個月的循環治療後，症狀幾乎都可以獲得改善。

如果每週對患者進行一次治療，加上每天做指頭按摩，3個月後會有劇烈的疼痛感來襲。在這3個月期間會持續發生盜汗現象，之後就可以正常走路爬樓梯，再3個月後，甚至還有患者連小跑步都不成問題。

膝蓋持續疼痛一段時間後，常會發生

大量盜汗及搔癢的現象，這一連串的反應，都是將體內的毒素和老舊廢物排出的結果。只要能度過這段時期，身體完全痊癒就指日可待了。

然而由於類風濕性關節炎是壓力所造成的疾病，如果還惦記著照護、家人的過世、過度勞累等精神上的煩惱不斷，很容易再次發作。所以壓力管理非常重要。

到完全康復所需經過的歷程，無論是任何疾病，其實都大同小異。

出現類風濕性關節炎的症狀，以女性占絕大多數。包括發燒、關節炎、肌肉酸痛、手足紅腫、容易疲勞、全身慵懶以及雷諾氏症等症狀，混合性結合組織病也幾乎有相同的症狀。仔細觀察患者可以發現，後頭部中的瘀血會有紅線顯示其走向，同時呈現手足寒冷的狀態。治療時為了能達到頭涼腳熱的目標，身體自然會發生盜汗現象。這樣一來，食慾就會提升，即使發燒，也可以提早康復。

這些身體上的好轉，就是上天賜予患者對治癒疾病所盡力量和意志的最佳獎賞。

■類風濕性關節炎患者的白血球變化

平均年齡 64.75歲、女18名、男2名

	治療前	治療後
白血球（個 /mm^3）	7840 →	7180
顆粒球（%）	69.7 →	64.9
淋巴球（%）	28.4 →	32.3
淋巴球數（個/mm^3）	2227 →	2319
CRP（mg/dl）	1.63 →	0.77

CRP的正常值應在0.19mg/dl以下

平均治療期間　9.65個月

帕金森氏症

安保 徹

◉原因

人體的中腦有一種稱為黑質的組織，當黑質分泌的神經傳導物質多巴胺減少，就會引發帕金森氏症。多巴胺會控制運動機能，一旦缺乏，就會漸漸危害正常的運動機能，因此帕金森氏症是一種進行性的神經疾病，也是一種極難治癒的病症。

雖然帕金森氏症並不會造成高度的痴呆及障礙，但單是運動機能的失常，就足以讓患者對身體狀況產生不安感，以及對未來感到恐懼，所以在心理上的糾葛非同小可。大多數帕金森氏症的發病時期，是從50～60歲的中年期到老年期之間。在日本地區，每千人中就有1位發病，65歲以上則是每500人就有1位發病。

目前的醫學界還不清楚，黑質細胞為什麼會減少。

如果我們從白血球的自律神經支配法則來看，帕金森氏症並非是一種特別的病症。當人們疲勞過度、煩惱太多、濫用藥物，都會產生壓力，導致自律神經紊亂。長期處於壓力下的結果，會導致交感神經呈緊張狀態，自然會讓血管逐漸緊縮，血液流動也會因而變差。

由於送往腦部的血流漸趨惡化，再加上黑質組織又是神經細胞中特別需要大量血液的組織，當然會首當其衝地受到不良影響。人到中年以後，腦動脈逐漸硬化，血液就無法順暢流動。

更重要的是，增加的顆粒球所釋放出的自由基，會導致黑質的病變。觀察患者的表現可知，患者常常是拚命三郎型的人，持續處於高壓力的狀態下，造成慢性交感神經緊張，進而引發帕金森氏症。

◎症狀

初次發病的徵兆，大多是單手顫抖（靜止時會震顫）與舉步維艱（步行障礙）。走路時，容易呈現身體前傾、步伐變小的情況。起初只會發生在身體的一側，隨著病情嚴重化，另一側的身體也會開始出現僵硬和震顫的症狀。其他症狀還包括手足的震動和顫抖（震顫）、肌肉僵硬固縮、動作緩慢到動作變小、甚至無任何動作、無法維持身體平衡、容易跌倒、肢體反射作用產生障礙等。除此之外，還會引起便祕和憂鬱症等。

症　狀

■震顫

身體放鬆時，手腳會自行顫抖。

■僵硬（齒輪式的僵硬）

將關節彎曲後伸直之際，會感覺到肌肉產生抵抗力，導致動作生硬。彷彿肌肉內有齒輪咬合轉動一般，所以也稱為齒輪現象。

■動作遲緩

從想要做出某個動作，到實際做出來，會經過一段延遲的時間。整個動作完成的時間也會延長。臉部缺乏表情，就好像戴著面具一般。想要走路時，無法順利踏出第一步。

■姿勢反射障礙

採取站立姿勢時，頸部會往下，膝蓋前屈，形成特別的姿勢。如果想要挺直身體，容易向後跌倒。走路時足部拖行在地板上，步伐小，呈現小碎步前進的狀態。因為身體前傾，稍微走快些就容易跌倒。無法突然停止，改變行進方向會往前方突進（突進現象）。身體會想要以符合1秒鐘發生4～5次的顫抖的頻率，以每分鐘30公分的步伐前進，但腳卻無法配合，有步行障礙。

■自律神經障礙

四肢發汗機能降低，臉部容易出油，因為消化道機能減弱，容易導致便祕；交感神經機能減弱，造成姿勢性低血壓等症狀。在精神疾病方面，則有憂鬱的傾向。

病情惡化的速度因人而異。有些人即使過了十年也沒有什麼改變；但也有些人只不過數年，就惡化到無法動彈的程度。

◉治療法

西醫的基本治療是採用藥物療法。主要是提供多巴胺的前驅物L多巴（L-DOPA）補充腦內缺乏的多巴胺。即便這樣對症下藥，長期下來仍舊無法持續效果。藥效會逐漸降低，病症也會隨著血液中多巴胺濃度的減少而產生各種變化。目前已經發現的併發症，包括與自我意識無關的口角動作、身體前屈、下意識的無意義動作、嘔吐感、心律不整等。

帕金森氏症並非一種致命的疾病，但是常會導致各種嚴重後果，例如因為跌倒而骨折、發生誤嚥性肺炎、失眠等。

近年來，醫界開始建議減少L多巴的服用量，改成併用其他與多巴胺相關的補助藥劑。例如可以讓多巴胺比較容易與細胞結合的多巴胺接受體刺激素、促進多巴胺釋放的多巴胺分解抑制劑等。

但是，諸如此類的藥物，會促進交感神經的緊張。首要之務，應該是停止用藥。當病患服藥後仍無法痊癒，身心狀態越來越糟，其實就是交感神經呈現過度緊張狀態的證據。同時，也應該停止併用消炎鎮痛劑、安眠藥及抗憂鬱藥劑。如果因為已經開始服用藥物，不敢貿然停藥，建議可逐漸減少藥物的用量。

罹患帕金森氏症，雖然往往導致肌肉麻痺僵硬，無法隨心所欲地運動。但是最好可以每天進行自己能力可及的體操與和緩運動。雖然身體的不自由會讓人感到悲觀，然而與其鎮日鬱鬱寡歡，還不如隨時抱持著，「也許我可以嘗試進行各種運動」的積極想法。

其次，生活步調不要過於緊張。利用

頭部按摩、泡澡、指頭按摩等，讓副交感神經占優勢，都會有很好的效果。此外，飲食過量會讓血液集中於腸胃，進而導致腦部血液不足。因此，減少飲食量，也會有很好的效果。

對帕金森氏症的患者而言，想要痊癒就必須牢記以下三個關鍵詞——「笑」、「快樂」和「希望」。

根據某大學對一位腦疾患者進行腦部血流狀態所做的觀察顯示，無論是阿茲海默症或是帕金森氏症，都有腦部血流惡化的現象。其實，這種現象並非侷限在腦部疾病，所有血流不良的部位，都會產生與寒冷相關的疾病。

我們可以將帕金森氏症患者身上常觀察到的震顫現象，視為是病患體內對體溫過低的自我加溫反應。患者因為肌肉緊張程度非常嚴重，導致身體沒辦法動起來，致使體溫容易偏低。因此，患者的身體就會無時無刻的震顫，以讓體溫升高。

雖然我們常把帕金森氏症當做是一種身體不良於行、運動機能受阻礙的疾病，但是多少也來自於心中存有的某些陰影及創傷。

讓我們坐下來好好想一想，試著和自己對話，仔細思考自己的生活方式，探討真正的病因吧！一旦確實瞭解生病的真正原因，才能夠徹底治療此一疾病。

從今以後，已經沒有必要再把帕金森氏症當做是不治之症了。

不是要「治療」疾病，而是要「恢復原本狀態」

◎恢復原本狀態的生活方式

孟子曾說：「萬物皆備於我矣。」我們的體內，本來就具備生命力、自然治癒力及排泄力能讓身體進行良性循環。

我們的身體，本來就是自然的完美產物。比起用人為方式想改造些什麼，還不如順其自然。

人之所以會生病也是如此。身體所發生的各種症狀，都是為了改善身體狀況、恢復原狀而產生的反應。搖搖擺擺也好、跌跌撞撞也罷，終究會恢復原本的狀態。

與其說要治療疾病，或許更應該說：「讓身體恢復原來的狀態。」

而且，疾病和生活方式其實息息相關。俗話說，女性38歲和男性42歲是劫難之年。這種說法，正是日本人的智慧。此一智慧真正的含意是在勸告人們，到了40歲，應該要改變生活方式，如果還像年輕氣盛的時候一樣衝動莽撞，可能會招來無妄之災。如果能在這個時期轉變為較穩重的生活方式，或許就可以一路順遂。

根據對高血壓和糖尿病的調查結果顯示，大多數人都是在40幾歲的時候發病。若詢問60歲左右的病患什麼時候開始服藥？得到的答案大體上都是「在10到15年前」。換言之，在40幾歲的時候，如果不能轉換生活方式的人，就容易發病。

觀察公司裡的工作分配狀況也是如此。20幾歲的時候，讓員工積極地到現場學習；30幾歲時，會被當做精銳部隊來使用；到了40歲以後，就培育他們成為管理階層。每個人所扮演的角色會因時制宜。

並非如同年輕氣盛時一般，只顧著不斷往前衝，而是讓身心順應年齡增長切換模式，更有智慧地過生活，這對健康是非常重要的事。

在日本，非常注重四季風情。春季時可以賞花、參加祭典；夏季時有盆踊、煙火盛會；秋季有秋分法會、賞月；冬季則有冬至、煮芋頭等民俗活動。在參與這些富含風情和美食的琳瑯滿目傳統民俗活動過程中，這些分布在各地的自然美景和風土人情，就化身為人們最佳的療癒場所。

■有益於治療帕金森氏症的生活習慣

重點在於提升自我治療能力。解除交感神經的緊張狀態，進行按摩及運動、少量飲食，設法讓副交感神經占優勢。

生活的智慧

- ●停用會促使交感神經緊張的帕金森氏症藥物及消炎鎮痛劑
- ●頭部按摩
- ●持續進行能力可及的體操和散步等運動
- ●早睡早起、規律生活
- ●笑口常開、抱持希望
- ●用溫熱的水放輕鬆泡澡
- ●飲食要均衡、餐餐八分飽
- ●指頭按摩療法

頭部按摩法

手指立起，用指尖按摩，順序依頭頂→後腦勺→頸部及頭皮上下細按，以按摩方式暢通血液。整個順序重複4～5次為一回合。

※每天進行2～3回合。

◎增加多巴胺的受體

帕金森氏症是因為腦部血流不足而導致，而飲食過量則是一個重要的惡化原因。

飲食一旦過量，血液就會集中在腸胃，供應給腸胃以外部位（腦和肌肉）的血液量自然會變少。以此推論，飲食過量會因為促使血液集中於腸胃，而讓腦部血流不足，使帕金森氏症更加惡化。

任職於美國巴爾第摩爾國立老化研究所（ＮＩＡ）的Danold Ingram博士，利用年老的白老鼠進行飲食實驗，結果發現，比起每天進食的老鼠，每1天或2天進行斷食的老鼠比較長壽。

此外，如果將年老老鼠的卡路里攝取量，降低到平時的40％，原先因為老化所減少的多巴胺會回升，學習能力也會提高。在壽命方面，也比其他老鼠延長40％。目前已經知道，多巴胺含量增加，是因為多巴胺受體增加的關係。也就是說，控制飲食，可以抑制因老化所導致的腦細胞損壞。

在我的醫院裡，有位帕金森氏症患者的經驗，可供讀者參考。他因為不習慣空腹的感覺，所以早餐非吃不可，於是我建議他飲用胡蘿蔔蘋果汁與生薑紅茶。結果經過1個月後，我與他交談時發現，他的表情已經變得十分開朗，而且動作輕快，彷彿脫胎換骨一般。

由於帕金森氏症會有多巴胺分泌量減少的現象，如何能讓多巴胺受體數量及活性增加，就非常重要。

在這方面，近來我常讓患者服用可以溫熱身體、改善腦部血流的中藥——「抑肝散」。只要隨時提醒自己要少吃、多運動，即使是疑難雜症，也有很多症狀獲得改善的例子。

以前我為了研究長壽學，前往義大利科卡薩斯。途中造訪莫斯科的精神科醫師——尼可萊耶夫。根據他的經驗，重度精神病患者會有抗拒進食的反應。

如果把此一拒食動作當成自然反應，只提供患者水分，等到患者自己想要進食才提供食物，這麼一來，反而能讓病患日漸康復。由此可見，傾聽本能對疾病的治療非常重要。

■飲食過度會招來疾病

飲食過度是萬病之源，會導致身體變冷。因為身體變冷，食物無法完全燃燒，又會招致血液的汙濁化。飲食過度除了讓內臟機能低下，沒有任何好處。

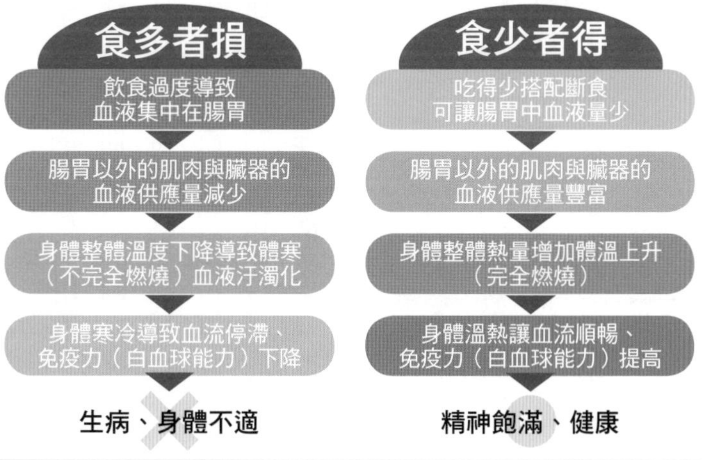

食多者損	食少者得
飲食過度導致血液集中在腸胃	吃得少搭配斷食可讓腸胃中血液量少
腸胃以外的肌肉與臟器的血液供應量減少	腸胃以外的肌肉與臟器的血液供應量豐富
身體整體溫度下降導致體寒（不完全燃燒）血液汙濁化	身體整體熱量增加體溫上升（完全燃燒）
身體寒冷導致血流停滯、免疫力（白血球能力）下降	身體溫熱讓血流順暢、免疫力（白血球能力）提高
生病、身體不適	精神飽滿、健康

刺激穴道，治療帕金森氏症和下半身疾病

◉神聖之穴——仙人穴

帕金森氏症也是因為交感神經過度緊張引起，由於顆粒球增加，自由基產生過多，導致分泌多巴胺的大腦黑質病變，造成組織破壞。

藉由對帕金森氏症病患的觀察，我發現多數人都是性格躁進，一旦設定目標就會埋頭苦幹，即使有壓力，也會拚命苦撐，毫無轉圜的餘地。或許正因為如此，才會逐漸讓交感神經陷入慢性的緊張狀態，進而導致帕金森氏症發作。

治療藥物多巴胺的補充，會讓脈搏與血壓上升，促進血液流動，暫時改善症狀。但是藥物反而是導致疾病惡化、變得難以醫治的原因。

雖然截至目前為止，帕金森氏症的治療非常困難，但是經採用新型治療法——百會穴和「仙人穴」的刺激療法，讓本來不良於行，需乘坐輪椅的帕金森氏症患者，現在已經康復到可以自己開車到醫院。即使是罹患帕金森氏症這樣的疾病，只要能夠恢復自律神經的平衡，改善血流的狀況，還是可以重新過著順暢無礙的日常生活。

我稱為「仙人穴」的刺激治療點，就是位於骨盤中央的仙骨（或稱薦骨）。

通常下半身出問題的患者，鼠蹊部都會發黑。觀察其原由，其實問題出自於仙骨。人體在活動的時候，是以位於骨盤（或稱骨盆）中心的仙骨為支點，仙骨上方有5節腰椎、12節胸椎、7節頸椎，再

加上頭蓋骨，可以說負擔很大。正因為是通往下肢的神經容易受阻之處，所以當血行變差，就會產生發黑的現象。從仙骨的仙骨孔開始，也是副交感神經放鬆關鍵的神秘區塊。

我曾經針對長年為前列腺肥大所苦的患者進行仙人穴療法，治療的結果是可以讓病患順利排尿、次數減少、精神也變好很多。患者本身很喜出望外，臉色和表情也平穩許多。總之，各方面都有明顯的改善。

中醫上相當重視臍下丹田部位，據稱在裡面含有充滿能量的球體波動，會從此球體中藉由仙骨發動出來，經由背骨（脊椎）傳導到腦部。換言之，所有生命的能量，都是從仙骨源源不絕而來。

自古以來，人們就觀察到，即使死後，人體的仙骨也不會腐壞，顯然仙骨具有不可思議的神聖力量。而負責調節仙骨作用的部位就是「仙人穴」。由於「仙人穴」位於人體深處，非專業人士請千萬不要自己隨便碰觸。

■仙人穴（股盤後）

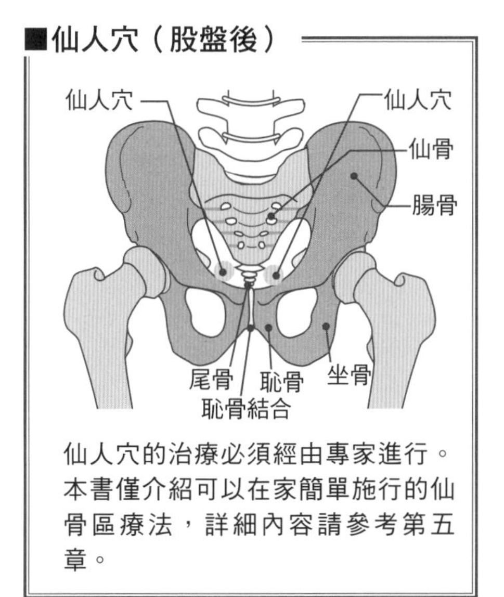

仙人穴的治療必須經由專家進行。本書僅介紹可以在家簡單施行的仙骨區療法，詳細內容請參考第五章。

潰瘍性大腸炎

福田　稔

◉原因

大腸黏膜內產生潰爛或潰瘍，好發於10～20幾歲的年輕人身上。一九七五年被訂為日本難以醫治的病症，其後30年間患者數已達8萬人之多，每年還持續增加五千人左右。

雖然西醫認為和腸內細菌、自體免疫疾病的異常反應，以及飲食生活習慣的變化有關，但是真正的病因還不十分確定。

自律神經免疫理論認為，身心所遭受的壓力會引發交感神經緊張，因此增加的顆粒球數目會進而釋放出自由基，破壞大腸黏膜，最後就會產生潰瘍與糜爛的症狀。從病患的白血球比例來看，可以發現顆粒球的比例顯然超出正常範圍。

◉症狀

腹瀉、黏血便（混有血的軟便）、腹痛、便祕、持續發燒，嚴重時還會有出血症狀。此外，由於大腸黏膜會分泌大量黏液，因此也會有透明黏液流出體外。嚴重時，一天可能要上廁所20次以上。病情惡化時，還會導致體重減輕、貧血等全身性的症狀。除此之外也曾發生過導致皮膚和眼睛的病變、關節疼痛，以及造成兒童成長障礙等現象。當症狀擴及到整個大腸，還容易導致發生大腸癌。

◉治療法

為了抑制大腸黏膜異常發炎、控制症狀，多半使用斯樂腸溶錠（salazopyrin）和控制釋放型膠囊（Pentasa），以及為了減輕副作用而使用的改良新藥阿腸克錠

■潰瘍性大腸炎患者的白血球狀態

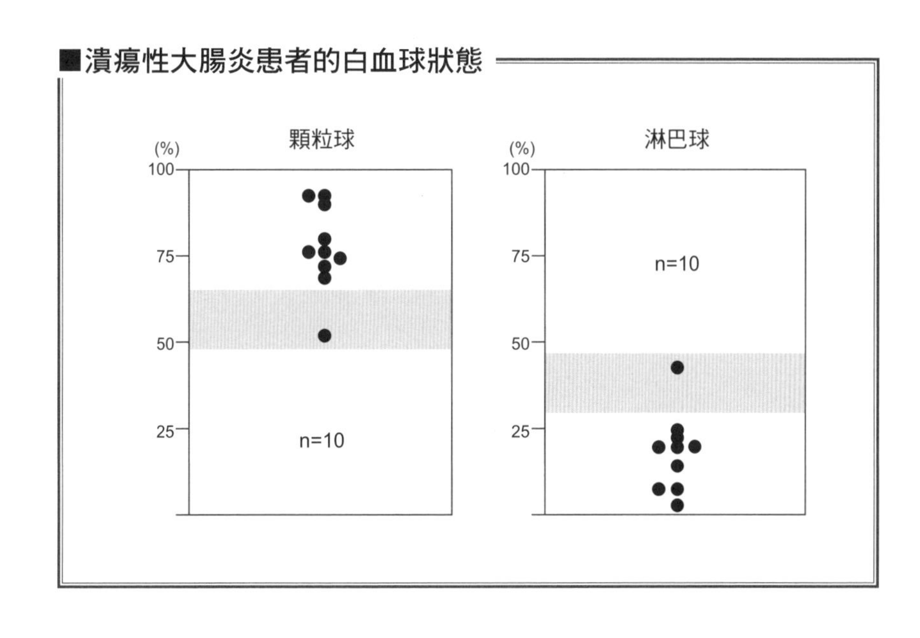

（Mesalazine），以持續抑制發炎，但這些藥劑不外乎都是消炎鎮痛劑。當難以用藥物治療，則以進行保留肛門的大腸整體摘除手術為主。

在治療過程中所使用的藥物雖然暫時可以抑制疼痛和發炎的現象，但是會讓交感神經更緊張，使顆粒球數增加，進而加速破壞組織。也就是說，服用這些藥劑反而無法真正痊癒。

一旦停止服藥，會引起腹瀉和腹痛的好轉反應，此時最重要的，就是要充分補充水分，以避免發生脫水症狀。

如果能使用自律神經免疫療法，就可以治好顆粒球增加的現象，恢復白血球的均衡狀態。只要白血球的狀態平衡，血便與腹痛等症狀就可以獲得改善，最後也就可以讓各種症狀消失無蹤。

但是對已經使用類固醇藥物的患者而言，即使症狀已經獲得改善，體內白血球仍很難恢復正常的平衡狀態。這樣的現象，主要是因為體內所累積的類固醇無法完全去除所致。風濕症患者也會有相同的現象。

另外，由於獨自一人克服復發的症狀非常痛苦，所以最好在醫師的指導下進行為宜。

除了醫藥的治療，日常應該盡量注重養生，好讓自律神經可以恢復平衡。

潰瘍性大腸炎的患者中，有許多都是年輕的大食客，如果嚴格限制他們只能吃糙米飯，反而會增加他們的壓力，造成反效果。

對這些患者而言，與其讓他們覺得，吃這個不對吃那個也不好，還不如先讓他們吃些喜好的食物來恢復體力。

依照這樣的治療方式，雖然發燒和發疹的症狀會復發，但是確實可以減少腹瀉的次數。在復發的過程中，顆粒球比例會提高，淋巴球的數目則會減少。

隨著病患可以自覺到白血球的均衡數值有所變化，同時也可以鼓勵他們，努力讓副交感神經占優勢，也就是積極從事散步、負擔較輕的運動，和泡澡及指頭按摩療法等。

潰瘍性大腸炎是大腸內產生慢性發炎導致潰瘍，同時會伴隨腹瀉症狀。這種腹瀉是因為身體發生副交感神經反射作用，想要恢復常態而促進消化管道蠕動的結果。身體為了免除因顆粒球放出的自由基破壞黏膜造成痛楚，所以引起厭惡物質的反射反應，讓身體腹瀉，以便把不想要的物質排出體外，避免生命危險。副交感神經可以提高分泌力及排泄力，副交感神經的反射作用，則會釋放引起疼痛的物質——前列腺素（prostaglandin，PG），所以腹痛症狀會伴隨出現。

使用自律神經免疫療法時，會給予病患疼痛的刺激，讓副交感神經瞬間產生反射作用，以便排除造成疼痛的不良物質。因此，在治療期間常會汗如雨下，身體會覺得暖暖的，肚子則會咕嚕咕嚕作響，動不動就想上廁所。雖然多少會有些令人感到不愉快的症狀，但這些都是治療過程中的自然反應。

想要提昇身體的自然治癒力，並非尋求可以用來治病的仙丹妙藥，而是要找出可以自我治療的方法。這個原則，還請讀者們謹記在心。

■副交感神經所產生的「厭惡物質反射」

刺　激	反　射	
寒冷	打噴嚏、雞皮疙瘩、尿意	彷彿想要驅趕寒冷的空氣，不讓冷空氣進入毛孔一般，毛孔呈現緊閉狀態，身體以排尿方式把寒氣排出體外（血液循環順暢則會溫熱身體）
苦味 酸味	嘔吐感、唾液分泌消化道的蠕動運動排便	把酸苦的物質排出體外
辣味	發熱感	流動辣的物質，增加血流
花粉	打噴嚏、流鼻水、流眼淚	將異物沖到體外排出
垃圾	咳嗽、氣喘、流眼淚	避免外來異物進入氣管，讓氣管收縮，抑制異物進入，將異物沖洗到體外
瀉吐物	嘔吐感	因感覺不適而吐出體外
精神上的厭惡事物	反胃感	因厭惡的情緒、東西、氣氛而感覺想吐※當厭惡物質持續存在會讓嘔吐感麻痺化，發生厭惡的心情和感覺時反而會吐不出來，此時就轉換成壓力，進而造成交感神經緊張，成為萬病之源
中藥 （針灸）	利尿、排便、腹瀉、消化道的蠕動運動、唾液分泌	要排出苦的中藥、針的疼痛、灸的熱，促進血液流動，溫熱身體

厭惡物質反射不單指有形的東西，也指精神上說出厭惡的話語、想吐、流淚的反應、吃進不好吃的東西馬上吐出的反應、疼痛或刺激，這些也是副交感神經的反應。

◉長期服用藥物帶來副作用

跟患有潰瘍性大腸炎的病童交談可以發現，他們的感受性很強，常會感受到考試等許多壓力。疾病的症狀，其實就是為了讓他們能逃離嚴苛的考試、好好休息做些改變的信號。如果能找出壓力的真正來源，一定就可以遠離病魔。

疾病的原因除了壓力，低體溫也是一主要原因。

以白老鼠所做的實驗顯示，如果將白老鼠分別放在30℃的溫水和20℃的涼水中，30℃組的白老鼠不會罹患胃潰瘍。從這個實驗可知，連老鼠都會因低溫生病，所以越是低體溫的人越容易因壓力而受傷。體溫較高的人則具備從壓力中全身而退的能力。

在潰瘍性大腸炎中常見的腹瀉症狀，其實是身體想要從交感神經一下回到副交感神經的排泄反應。帶有黏液的糞便，就是顆粒球屍骸所化成的膿。這是身體嘗試修復組織的過程中所引起的治療反應。

假如利用免疫抑制劑、消炎鎮痛劑和類固醇藥物去抑制此類的治療反應，反而會導致交感神經過度緊張，更加難治癒。

常被使用的類固醇藥物可以讓自由基無毒化，瞬間停止氧化作用，所以對抑制發炎有即效性。舉例來說，被蜜蜂螫到引發休克時，或者重度外傷導致皮膚組織嚴重破壞，生命垂危時，類固醇藥物能讓體內大量釋放的自由基去毒性化，所以在急救過程中，它是不可或缺的藥物。

類固醇藥物與膽固醇相同，都是以脂

質為原料，在剛開始使用時，因為可以排泄到體外，所以可以發揮消炎效果。但是如果持續使用，則會累積變成氧化膽固醇，周邊組織會因而氧化。如此一來，交感神經就會更加緊張，而且顆粒球會大增，所釋放出的自由基就會進一步破壞組織，發炎的症狀會更為惡化。也就是說，類固醇本來是用來抑制發炎症狀的藥物，反而變成導致發炎惡化的藥物。這是因為身體在病症復發時，為了能順利排出這些藥劑，反而會產生比之前更激烈的反應。因此，如果要徹底治療這種疾病，消除壓力、溫熱身體，才是正本清源之道。

■白老鼠的壓力實驗

將白老鼠分別放在30℃的溫水及20℃的冷水中，限制其行動5小時的壓力狀態後，結果顯示，以20℃冷水處理的白老鼠，會出現胃潰瘍的症狀。從這樣的結果可知，體溫低的人，在壓力環境下比較容易受到傷害。

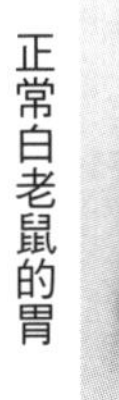
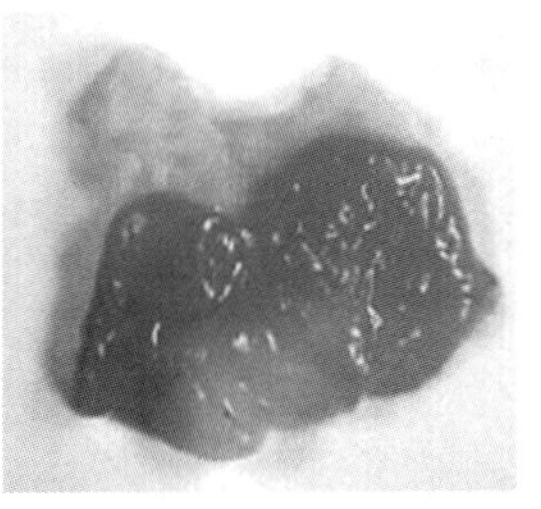

正常白老鼠的胃

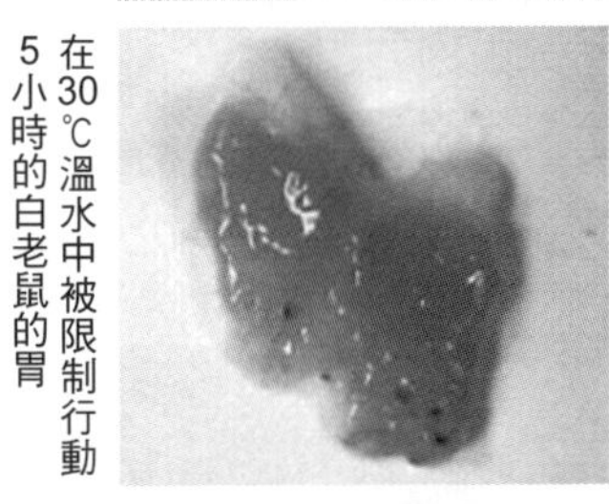

在30℃溫水中被限制行動5小時的白老鼠的胃

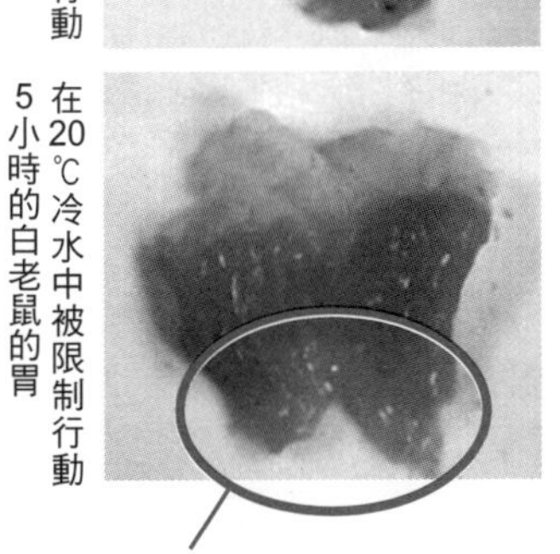

在20℃冷水中被限制行動5小時的白老鼠的胃

利用現有食材立刻調製「對症暖身飲料」

◉利用廚房的現有食材，可以快速調製

生薑紅茶和胡蘿蔔蘋果汁有多種療效，但是隨著症狀的不同，還可以調出療效更好的簡便飲料。這些飲料都是以溫熱身體為基本目的。

○梅乾醬油番茶

這種飲料對胃腸而言有立即的療效，比生薑湯的保溫效果更佳。梅乾中含有的檸檬酸等有機酸，會促進唾液和胃液分泌，進而幫助消化。番茶屬於陽性，醬油裡的鹽分也是陽性，所以可以溫熱身體。

○蓮藕湯

適用於咳嗽、支氣管炎等呼吸系統疾病、感冒初期的患者飲用。蓮藕中的黑色部位含有單寧，黏液中則富含粘蛋白。可說是治療感冒的特效飲料。

○醬油番茶

在番茶中加入少許醬油即可，非常簡單。是可以溫熱疲憊身體的陽性飲料。

○蛋酒

對有頻脈和水腫的人而言，如同強心劑。症狀較明顯時，每2天喝1次，一定可以改善。

○蘿蔔湯

蘿蔔中的澱粉酶等消化酵素有健胃作用，維生素C則有增強免疫作用。發燒性的感冒，因消化不良而脹氣的時候，最適合飲用。

■可以溫熱身體的5種飲品

1 梅乾醬油番茶

比生薑湯的保溫效果還高，對胃痛、腹痛、腹瀉、便祕、反胃等胃腸疾病可立即見效。此外，對疲憊、貧血、畏寒、感冒、支氣管炎也有不錯的療效。一天1～2次。

●材料
梅乾：1個
生薑汁
醬油：1茶匙
番茶

1. 將去籽梅乾放入杯中，用筷子均勻攪碎果肉。
2. 倒入醬油，混合均勻。
3. 加入榨好的生薑汁。
4. 注入番茶後攪拌均勻即可飲用。

2 蓮藕湯

對出現咳嗽及咽喉痛的扁桃腺炎及支氣管炎有效。一天2次即可。

●材料　蓮藕40g／生薑汁少許／鹽與醬油少許

1. 蓮藕不去皮，磨碎。
2. 紗布過濾出蓮藕汁，倒入杯中。
3. 加入少許榨好的生薑汁，用少許鹽及醬油調味。
4. 注入熱水，放涼後即可飲用。

3 醬油番茶

對疲勞、貧血、畏寒等症狀有效。

●材料　醬油／番茶

1. 將1～2茶匙的醬油倒入杯中。
2. 注入熱番茶即可飲用。

4 蛋酒

對因為心臟衰竭及心臟機能低下所導致的頻脈和水腫有效。可以說和強心劑有相同效果。因為作用力較強，兩天飲用一次即可。

●材料　蛋一個（最好是受精卵）
醬油

1. 在茶杯中加入蛋黃。
2. 加入約蛋黃1/2～1/4量的醬油，攪拌均勻即可飲用。

5 蘿蔔湯

對有發燒症狀的支氣管炎，以及因為過量攝取魚肉等動物性蛋白質所導致的便祕與腹瀉有效。

●材料　蘿蔔／磨碎的生薑汁／醬油／番茶

1. 削去蘿蔔外皮後磨碎成泥狀，把3杯蘿蔔泥加到大碗裡。
2. 添加1小湯匙的生薑碎末，再依個人喜好加入1/2～1茶匙的醬油。
3. 最後將熱番茶倒入大碗加到滿即可。

福田稔

春天正是排毒好時機

◉促進排泄與放血

春天是一年之中所有生命開始萌發的時期，也是萬物最活躍的時期。

對健康的人而言，一年之計在於春，此時會對所有計畫充滿了新的希望。

然而對病人而言，卻是一個或多或少都會感到憂鬱的時期。這是因為副交感神經開始占優勢，淋巴球增加過多，對細菌、病毒、異物開始有反應所致。舉凡氣喘、花粉症、過敏性疾病的增加，以及排泄作用也比一般時間來得旺盛，所以可說是一個令病人煩惱的季節。

可是如果能夠換個角度來看，也可以轉憂為喜。

春天的到來，其實正是把累積在體內的毒素排出體外的最好時機。異位性皮膚炎發作時，皮膚會發疹、出汗；氣喘發作時，支氣管會將過敏原咳出來；憂鬱症患者則是把心中的鬱悶一吐為快。這和自古以來所說的草木萌發新芽是一樣的道理。

如果能夠將此一時期發揮最大的效用，趁此機會將汗水及體內積毒排出體外，等到秋天來臨，也就是一般所說秋收季節時，就可以有症狀改善的豐富收穫。

只要能利用促進氣血通暢的自律神經免疫療法，就可以促進體內累積的毒素和老舊廢物排出體外。

對排毒而言，千萬不要忽略放血的重要性。這是一種藉由將體內汙濁的血液排出體外以改善症狀的治療方式。

放血可以改善皮膚與末稍血流障礙，也有改善全身血液循環的作用，進而提高自然療癒能力。

自古以來，在一些東方國家就已經懂得利用水蛭吸血的方法。在伊斯蘭世界，也知道把牛角磨成稻桿狀，以便用來吸血的吸角療法。

我個人認為，放血是屬於人工透析法的一種。透析治療需要花4小時將自己血液中的老舊廢物，讓體內去除血液恢復到清澈的狀態；放血則是在治療點的周邊用小針穿刺，去除少量血液，可以說是安全又有效的小型透析處理。只要去除少量汙濁停滯的血液，就可以讓體內的血液重新開始製造。

疾病的根源在於身體的寒冷，也就是血流的障礙。讓血流恢復，去除寒冷，就是治療疾病的根本之道。

因交感神經緊張所導致的畏寒，是由於血管收縮所造成的虛血現象。另一方面，副交感神經占優勢所引起的畏寒，則是因為血管過度擴張而造成瘀血的現象。

根據我個人至今的經驗，若疾病是位於橫隔膜上方的肺、心臟及頭部，則從頭部到胸部之間會有明顯的瘀血現象，下肢會有寒冷症狀。

另一方面，當罹患位於橫隔膜以下的消化器官及生殖器官疾病，雖然上肢部分沒有嚴重瘀血，但是下肢部分仍會明顯感到寒冷。

藉由使氣血通暢，身體會變成頭涼腳熱，此時血流的狀態就會大幅改善。如果給予刺激致使體溫暫時下降，體溫會立即傳至末稍部位，使全身開始感到溫暖。

只要能利用自律神經免疫療法的技術，將患者的心和宇宙的能量（氣）合為一體，就可以顯現出更大的變化。

「專欄2　石原結實」

你容易罹患哪些疾病？體質診斷

下表所列體質特性較多者，就是你所屬的體質

		陰性體質	中間性體質	陽性體質
外觀	體型	□瘦	□中等身材	□肌肉型
	臉色	□蒼白	□不白也不紅	□紅潤
	頭髮	□白髮	□與年齡符合	□微禿
	頸部	□細長	□不粗不細	□粗短
	眼睛	□大眼雙眼皮	□小眼雙眼皮 大眼單眼皮	□細小
身體狀態	姿勢	□駝背	□沒有特殊姿勢	□姿勢端正
	體溫	□低體溫	□36.5℃左右	□高體溫
	血壓	□低血壓	□正常	□高血壓
	食欲	□食量小	□普通	□食欲旺盛
	體力	□沒什麼體力	□與年齡符合	□體力旺盛
	生活規律	□夜貓子	□白天精神較佳	□晨間型
	排便	□容易腹瀉	□普通	□容易便祕
	排尿	□尿液色淡	□黃色	□尿色較濃
	其他	□怕冷（寒性）	□不寒不熱	□易燥熱
疾病傾向（容易罹患的疾病、正在治療的疾病）		□貧血	□無特別傾向	□多血症
		□胃炎、潰瘍	□無特別傾向	□腦中風
		□過敏、膠原病	□無特別傾向	□歐美型癌症 肺癌大腸癌等
		□類風濕關節炎	□無特別傾向	□痛風
		□憂鬱症、精神疾病	□無特別傾向	□妄想症、躁症
性格、行動		□神經質	□無特殊性格	□大方
		□悶悶不樂	□無特殊性格	□凡事想得開
		□消極	□無特殊性格	□積極

第三章　身體的訊號

症狀就是
身體發出的改善訊號

不要忽略身體發出的訊號，

每一個症狀，

都透露著發生的原因。

水腫

安保 徹

◉症狀

水腫的症狀有兩種，一種是短期內可治癒的暫時性症狀，另一種則表示疾病和受傷的訊號。

不知道自己是否有水腫的人，可以在足踝上方處，按壓約30秒鐘後，再將手指放開，如果會留下被手指壓凹的痕跡，就是身體有水腫的證據。

如果水腫是出現在臉和足等特定部位，只會出現短時間或是起床後約1～2小時後會自然消失，就不須擔心是疾病。

◉原因

水腫之所以會發生，是因為體內水分控制不順利所致。人體中約有60％是水，其中有三分之二的水在細胞內，其餘三分之一則是在細胞外面。細胞外水分中有四分之一是血液，其他的則是存在於細胞與細胞之間，稱為間質液的水分。間質液的功能是在運輸養分給細胞的同時也運走細胞內的廢物。

水腫是因為間質液大量增加，無法順利控制水分導致。此時間質液會進入淋巴管轉換成淋巴液，最後通過淋巴結來到鎖骨下的淋巴管，再經由靜脈排出。一旦淋巴液的流動停滯無法正常代謝，多餘的水分和體內的廢物就會積存而產生浮腫。

長時間維持同樣的姿勢、一直坐著，容易讓肌肉收縮減少，導致淋巴管的運作因而停止。如果是維持站姿，肌肉會變得僵硬，血液和淋巴液的流動就會惡化，因而引發水腫。

喝太多水，或是在冷氣房中待太久，

都會讓調節體溫的流汗等自律神經作用變得遲鈍，進而降低水分代謝能力。因為水分也會受到重力影響往下方移動，所以水分容易積存在下半身，造成下腹突出，小腿肚產生水腫。

當下半身的肌力變弱，身體變冷，血流自然會變差，把水分排出的力量就會不足，所以會讓多餘的水分積存在體內。

◉解決方法

血液可以利用心臟的壓縮力量流動，可是淋巴液卻不然。在淋巴系統中，缺乏一個可做為幫浦的器官，所以必須靠肌肉的收縮才可以讓淋巴液流動。正因為如此，所以舉凡走路、伸展運動、三溫暖等，都可以利用肌力促進發汗，改善全身的血流狀態。當細胞間多餘的水分可以順暢地排出體外，就能溫熱身體、活化腎臟功能，促進發汗與排尿。

◉與水腫相關的疾病

當身體出現長期的水腫現象，表示可能已經有內臟方面的疾病。例如肝病、妊娠中毒、腎臟病、心臟病、血管與淋巴管的障礙、腳氣病、貧血等。

心臟病患者容易在下午的時候出現水腫現象；腎臟病患者會在眼皮、手和足等部位發生水腫；肝病患者會產生腹水現象。如果發現雙腳有水腫現象，則可能是慢性的體力與免疫力低落所引起的慢性心臟衰竭、腎病症候群、肝硬化及癌症等。若只是單腳有水腫現象，可能是大腿靜脈有血栓或是鼠蹊部淋巴結腫大，使得靜脈受到壓迫所致。

麻痺

安保 徹

◎症狀

麻痺的症狀會在身體各個部位發作，發作時會有一陣痛麻的感覺。有時候會有種觸電般的不適感，而且會出現無意識的震顫現象。

當身體某些部位產生單邊麻痺的狀況，可能是腦出血和腦血管障礙的徵兆。

◎原因

○手的麻痺

首先必須判別是因為神經障礙或是血流障礙所導致，還是運動麻痺所引起。

如果是神經系統障礙所導致的麻痺，容易在靜止不動時發生；相反地，如果是血流障礙所導致，則多半會在運動時才會出現麻痺的現象。

當麻痺症狀只出現在單手，可能是起因於神經從頸椎凸出，引起神經壓迫所造成的頸腕症候群。女性則大多是胸廓出口症候群（TOS）、在頸椎引起的頸椎症，以及頸椎椎盤突出所致。

末稍神經障礙時常見的症狀是手指尖（小指除外）的麻痺，此為所謂的正中神經麻痺或腕隧道症候群，這是手腕的神經（正中神經）受到壓迫時會發生的症狀，經常使用手腕的人，尤其是女性常見這種病症。

發生在雙手的麻痺通常多伴隨著雙腳的麻痺，這被視為是由全身內科疾病（如中毒或代謝問題）所引發的多發性末稍神經障礙或頸椎障礙。

將手腕伸直，如果感覺到手微微在顫抖，就有可能是甲狀腺機能亢進症，甲狀腺是腫大狀態。病患的食慾雖然增加，但是體重卻會減輕，若有這種狀況，應該請專科醫師予以診斷。

〇腳的麻痺

通常會發生在單腳，除了可能是神經障礙，也可能是血流障礙所引起。

神經障礙主要會造成包括腰椎症、腰椎椎間盤突出和脊柱管狹窄症等。

由於腰椎症和腰椎椎間盤突出的疼痛與麻痺會沿著神經分布區域發生，所以這時候一定要從麻痺和疼痛的部位上找出究竟是腰椎或脊椎的何處受到壓迫所引起。

如果是末稍神經障礙，麻痺和疼痛的發作部位會沿著手腕和腳的縱軸，成縱向分布。

坐骨神經痛，是從臀部沿著大腿後面到小腿有疼病或麻痺發生，還會伴隨腰痛的症狀，這起因於腰椎的神經受到壓迫。

下肢閉塞性動脈硬化症，則主要是起因於血流障礙。

〇腦部麻痺

腦部深處的視丘出血及腦梗塞，在發作經過3～4週後，會在麻痺側有刺刺麻麻的特別感覺，這樣的狀態會出現在腦中風後。

◉解決方法

改善血流障礙引發的麻痺症狀，必須強化原本軟弱無力的肌肉，因此可以增加腹肌和腰背肌的運動量。要注意的是，平常不要長時間維持同樣的姿勢，提醒自己要多多伸展筋骨，別讓麻痺和疼痛的部位受寒，隨時維持這些部位的溫暖。

畏寒

石原結實

◉症狀

一般人常認為，手腳冰冷的人屬於寒性體質。但出人意料的是，即使很怕熱、手腳溫暖的人中，也有許多人屬於寒性體質。

我認為要肚子摸起來冰冷，以及容易出汗，才屬於寒性體質。

手腳會發熱，是因為體內的熱能釋放到體外，一般以為只是表面會發熱而已。本來好的汗，是在充分運動後排出體外的汗，假如在沒有運動的狀態下或是光吃飯所流的汗，是為了排出體內多餘的水分，試圖溫熱身體的反應。

換句話說，手腳容易水腫的人，具有寒性體質的傾向。

因此，要判別一個人是否屬於寒性體質，可從腹部的冷暖、流汗的多少和水腫等現象來判斷。

體溫一旦降低，體內所有細胞和臟器的代謝作用都會變差。心臟、心血管的機能下降，血液流動也會隨之變差。首先顯現出來的徵兆，就是分布在體表的靜脈系統微血管血流會有遲滯的現象。

這就是中醫所稱的「瘀血」。瘀血所引發的徵兆包括黑眼圈、臉色潮紅、容易瘀青、嘴唇變紫、牙齦有色素沉澱、蜘蛛網狀血管腫大、掌心發紅、痔瘡出血、生理期不順、不正常出血、下肢靜脈瘤、肩膀僵硬、暈眩、心悸、呼吸不順、神經痛等症狀。

如果不理會這些症狀，有時就會轉變成發炎症狀、腫脹潰瘍、心肌梗塞及腦梗塞等疾病。因此便有「寒冷」是萬病之源說法。

◉原因

人體一旦感到寒冷，為了優先確保腦部和內臟等重要器官的溫度，手腳等部位的微血管會收縮，防止熱能從身體表面逸出。相反地，當身體覺得暖和，微血管則會鬆弛下來散出熱。

造成寒性體質的原因在於，現代優渥的環境，讓我們的體溫調節機能，尤其是皮膚對溫度的適應能力越來越差。

其中又如以流行為優先考量的輕薄穿著、無論是什麼季節都攝取過量的冰冷飲品食物、為了節省時間而採用沖澡的生活方式、因為運動不足造成肌肉衰弱、壓力過大、用藥過量等造成交感神經過度緊張的狀態為最。

◉解決方法

從事適度運動來鍛鍊肌肉，悠閒地泡泡溫泉，與其喝冷飲不如多喝熱飲（煎茶、抹茶、咖啡容易讓身體變冷，以熱紅茶為宜）。不要喝太多水以免造成水腫，多吃食物纖維豐富而且可以溫熱身體的根莖類，諸如此類，設法全面性地改善生活方式。

只要使用腹圍，就可以維持腹部的體溫，也能改善手足的寒冷。總之，請大家從檢視日常生活細節開始，找出寒冷的真正原因吧！

手、臉和鼻頭發紅

石原結實

◉症狀

手足和鼻頭會發紅，是透露身體有瘀血狀態的訊號。也就是說，血液已經呈現汙濁狀態，此時應該盡快設法將汙濁的血液排出體外。

其他如牙周病、牙齦出血、痔瘡發作時的出血，也是身體希望能去除瘀血的徵兆。

◉原因

在瘀血的狀態下，微血管會擴張，所以會使得手腳、臉和鼻頭發紅，這是隨時準備流出血液的訊號。此外，長期持續的血流不良表徵，比例較高的有，痔瘡、靜脈瘤、腦梗塞、心肌梗塞等。

在心肌梗塞和腦中風發作而突然昏倒的人裡面，有九成都是有手、臉或鼻頭發紅的現象。

只要觀察周遭人們就可以發現，有這些徵兆的人，血液循環都比較差，容易產生肩膀酸痛和頭痛的症狀。酗酒的人常有的酒糟鼻，就是因為肝臟無法及時對酒精解毒而呈現瘀血現象，有時也是肝臟和胃已經出問題的訊號。

◉解決方法

瘀血的成因包括過量飲食、壓力過大、運動不足、體溫太低，只要改善血液汙濁狀態，瘀血自然可以變好。

■從臉色看身體的健康狀態

淡粉紅色	健康的臉色
深紅色	因高血壓、精神渙散、興奮狀態而導致頭部充血
泛紫的紅色，也有發熱	瘀血的訊號。若伴隨著臉部表面浮現出血管，頰骨和鼻頭的微血管擴張，那就是血液汙濁的證據。酗酒、慢性酒精上癮症和肝硬化的患者，常常會因為鼻頭微血管擴張而導致鼻頭發紅。如果鼻頭發紅，加上手掌的拇指與小指根部發紅、手掌出現紅斑，就有可能罹患酒精引發的肝臟障礙。
蒼白	顯示患有貧血與肺部疾病。臉部蒼白、沒有血色，如果又伴隨暈眩症狀，即為中度貧血。肺機能低下時，臉色也會從白轉為蒼白。大量出血、激烈疼痛、精神受到極大驚嚇時，也會導致臉色蒼白。
淡黃色	貧血的惡化。貧血嚴重時會使臉色變黃。
黃色 泛黑色	肝臟的問題。肝臟和膽囊有疾病發生時，臉色和眼白部分會黃化，稱為黃疸症狀。尿液變濃、皮膚搔癢。 肝功能低下造成體內黃色素膽紅素無法順利排泄，因此血液中的黃色素會增加，造成皮膚顯現黃色。肝臟是沉默的器官，通常不會顯現任何症狀，所以一旦出現黃疸症狀，就表示此一疾病已經進行了一段時間。假如持續惡化，可能會產生肝硬化、肝癌等慢性肝功能障礙，此時皮膚就會變成暗黑色。這種現象是因為一旦肝臟這個解毒器官的功能喪失，體內的老舊廢物和有害物質就會造成血液汙濁。
帶有黑色的土色	腎臟病。腎臟負責過濾排泄血液中的老舊廢物，當腎臟功能低下，血液就會被老舊廢物汙染而呈現帶有黑色的土色。眼部周圍的皮膚較薄，血色較透，所以通常會從眼部周圍開始出現黑色。
暗紫、紅色	從心臟和肺發出的SOS訊號。因為先天性心臟病、心臟衰竭、慢性肺部疾病等使得血液中氧氣減少，引起皮膚和黏膜會變成綠色的發紺症狀，之後皮膚和黏膜就會呈現暗紫紅色。

排便問題、尿液

石原結實

◉症狀

健康人體所產生的糞便，水分含量約70～80％，不軟不硬。便祕的人所排的糞便，和兔子的糞便類似，呈現硬顆粒狀。黑色和紅色的糞便中含有血液。如果是上消化管出血，由於出血量較少，肉眼無法辨識出這些「潛血」。

◉原因

食物中毒或是吃了對身體有害的東西時，人體會以腹瀉方式把這些東西排泄出來。這是身體不要讓有害物質在血液中蔓延所做出的反應。

同樣的道理，當我們攝取冰冷的食物或飲料，身體會為了不讓身體寒冷，而以腹瀉方式將水分排泄到體外。在不容易腹瀉的人中，有些人是因為腸子已經對冰冷食物產生鈍感，所以不會反應。

長期腹瀉的患者，大多受到很大的身心壓力，因此導致血管收縮，血液流動受到阻礙，所以會發生腹瀉症狀。

便祕的人，常常會感到下腹部有阻塞的感覺。有些人每天一覺醒來就喝冰水來促進排便，這只是藉由強烈刺激腸子的方式來促使排便的暢通，並不是健康的排便方式。

◉解決方法

對腹瀉的人而言，腹圍是不可或缺的物品。為了溫熱身體，讓腸胃能夠正常運作，我建議可以服用生薑蘿蔔湯。將2～3公分寬的白蘿蔔磨成泥狀，加入生薑碎末，注入熱番茶，再加入醬油即可。

容易便祕的人，平時可以用腹圍保

溫，多用手掌按摩腹部，再多吃富含膳食纖維的食材。泡澡時以膨脹、縮緊的方式來運動腹部，藉由水壓來鍛鍊腹肌。

想改善便祕時，可以將蘆薈的葉子切成薄片，取5片加入200cc的水中，煎煮到剩下一半的水，每餐飯後喝一大匙即可。

■從糞便狀態看健康

黑色、黏稠便	糞便裡有血。可能是胃、十二指腸、小腸上段的潰瘍或者是癌症所引發的出血。
鮮紅色糞便	接近肛門的大腸和直腸有異常或痔瘡。
細便	胃腸狀況不佳或水分過多、壓力所致，但若是細到跟鉛筆一樣，則有可能是大腸癌。
水便	暴飲暴食、消化不良所導致的腹瀉。1天如果超過10次以上，且糞便有強烈腐臭味，恐怕是腸炎或食物中毒（伴隨發燒及嘔吐感時為食物中毒）。

■從尿液狀態看健康

血尿	視出血時間不同，出現問題的部位也會有差異。排尿開始的出血顯示是尿道出問題；排尿中出血是腎臟、輸尿管或膀胱；排尿結束時出血應為膀胱或前列腺。若同時伴隨著腹部到下腹部的疼痛感，則是尿路結石。
多尿	糖尿病或腎衰竭。喉嚨有強烈乾渴感者是尿崩症。
少尿	若是慢性心臟衰竭、急性腎炎、腎變症候群等會伴隨水腫的疾病，則尿量會變少。
排尿時疼痛	排尿初期有疼痛感者為尿道炎，結束時有痛感者為膀胱炎。
尿液有甜味	可能為糖尿病。

正常人每天排尿7～8次，1000～1500ml，尿量會因排汗量而有差異。

舌、舌苔、牙齦、口臭

石原結實

◉狀態

中醫在看診時，一定會進行舌診，即觀察病患的舌頭。可以試著對著鏡子伸出舌頭仔細觀察一下。

無論是舌頭、舌苔、牙齦及口臭等，都會透露出體內的含水量、殘留物與老舊廢物的影響。

從顏色、味道和狀態，可以了解身體的健康狀態。

覆蓋在舌頭表面的舌苔是舌頭上皮和食物的渣滓，以及細菌的集合體。尤其在斷食期間因排泄器官活化，舌苔會變厚、顏色變濃。

若出現血液阻塞、血液汙濁的瘀血狀態時，牙齦會有色素沉澱而暗沉。牙齒鬆脫、變色是疲勞所導致的血流不良。

■從舌苔顏色看健康狀態

黃色～黑色	老舊廢物從舌頭排泄。顯示血液呈現汙濁狀態，便祕、菸癮重的人也會變黃。
斑點	因體力低下、體質虛弱及暴飲暴食所導致的胃部不適及過敏症狀。
幾乎沒有	體內水分過剩，所以舌頭表面水分也偏多。

■牙齦顏色所透露的訊號

偏白粉紅色	健康的牙齦，堅固、有光澤。
紅～紫，有些地方呈茶色	有瘀血產生。
紅～紫，有浮腫現象	浮腫。刷牙時若有出血、口臭、牙齒動搖的症狀，可能是牙周病。
黑	黑色素的沉澱。若是整個牙齦呈現黑色，則是牙周病或抽菸導致。

■從舌頭狀態看身體的健康狀態

舌緣腫大 與牙齒接觸面 凹凸不平	體內水分過多時舌頭會腫大。因含水量過多而腫大的舌頭就會不斷碰觸牙齒，造成嘴內空間窘迫。所以舌頭邊緣會出現齒痕。
舌頭表面光滑	舌頭表面有許多名為舌乳頭的小突起，具有留住唾液，讓食物可以順利被咀嚼的作用。惡性貧血發作時，舌乳頭會萎縮，因此會讓舌頭外觀光滑。
舌頭龜裂	舌頭中央線以外，若出現龜裂，表示體內水分不足，因此造成原本應該濕潤的舌頭出現龜裂。
粉紅色	健康的舌頭。
白色	有貧血傾向。因為體內水分過多導致身體寒冷，血流不順，所以舌頭變白。
紅色	發燒，或者水分不足時，舌頭發熱就會變紅。
暗紅色	舌頭全部或邊緣呈現暗紅色時，舌頭內的兩條靜脈若呈現暗紅色、腫大，此為瘀血的狀態。

■口臭所透露的訊息

氨水或尿液般的氣味	腎臟功能低下
水果的香甜味	糖尿病
老鼠籠的氣味	肝臟障礙
腐爛或酸味	胃部功能不佳
魚內臟或蔬菜腐爛的氣味	肺炎或肺癌所導致的肺組織破壞
化膿的氣味	慢性鼻炎、急性鼻炎、鼻蓄膿等細菌感染症

耳

石原結實

◉症狀

雖然沒有生病，卻突然發生原因不明的暈眩和耳鳴，中醫把這種現象歸因於水毒或腎虧。暈眩和耳鳴嚴重時，會引發嘔吐，其實是因為身體想把過剩的水排出體外的反應。

梅尼爾氏症候群（稱眩暈症）患者，通常會伴隨暈眩和耳鳴的症狀，西醫也認為原因在內耳的淋巴液。這是壓力過大、睡眠不足、過度勞累等造成代謝力降低，使得水分排泄惡化導致。

◉解決方法

不要飲用讓身體變冷的飲料，要多喝生薑紅茶或梅乾醬油番茶類的溫熱飲料。平常的飲食中應適度添加可以促進排泄過多水分、富含礦物質的鹽類，食用能溫熱身體的根莖類，水果則可以選購北方產品。其他如適度運動、鍛鍊肌肉提升體熱、泡澡等，只要水分代謝能力提昇，就可以促進排尿、排汗等排泄作用，進而獲得改善。

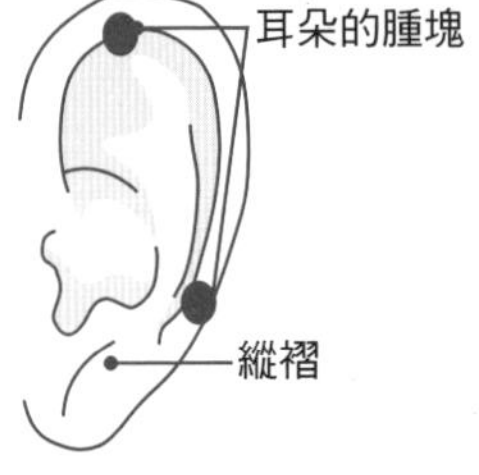

■耳垂的縐褶

耳朵與心臟的外型相似，所以中醫認為心臟病變可以從耳朵看出來。當發生動脈硬化，會使血流惡化，此時耳動脈也會硬化，脂肪收縮，因而產生縐褶。根據芝加哥大學醫學院威廉艾略特副教授研究，針對108人（54～72歲）進行8年的追蹤調查顯示，「耳垂上出現縐褶的人」因心臟疾病死亡的人數是「無縐褶的人」的3倍。「耳垂有縐褶無冠狀動脈疾病的人」其心臟病死亡率是「無縐褶無冠狀動脈疾病的人」之6倍。

■耳部症狀

疼痛感	
發生在入口處	外耳道炎。外耳道是指從耳朵入口到鼓膜之間的部位。大部分的外耳道炎都是因為被掏耳棒或指甲刮傷所引起。有時候會有耳朵流膿等不適感。發炎較輕時會自然痊癒，不斷復發可能表示罹患糖尿病或免疫性疾病。
發生在深處	鼓膜炎，可分為鼓膜發炎有水泡的水泡性鼓膜炎，以及鼓膜結合組織增生的肉芽腫性鼓膜炎等。症狀有耳朵深處有痛感、耳朵流膿、搔癢、耳鳴、輕度重聽等症狀。
擴散到頭部	外耳受傷，並受到細菌感染產生固體的膿，因此疼痛感比外耳炎劇烈，頭部甚至會嗡嗡作響，若多次復發，可能是免疫力低下的關係。
重　聽	
突發性重聽	聽力突然變差，可能是循環障礙或病毒所導致，大多發生在單側耳朵，偶爾也會雙耳同時發生。聽力異常同時，還會產生耳鳴、暈眩、反胃、嘔吐等症狀。彷彿耳朵被塞住，與梅尼爾氏症候群有類似症狀。
職業性重聽	從事音樂、鐵路、造船、接線生等職業，長期處於音量大的工作環境中常出現的症狀。大多是聽不清高音域的聲音，以及一般日常對話不太使用的音域，所以患者多察覺不到異常，而病況愈漸嚴重。
音響性重聽	置身於演唱會、Live秀、樂團、俱樂部等等大型音響中會讓耳朵漸漸聽不見。長時間戴耳機聽音樂也是一大原因。會伴隨發生耳鳴、暈眩、耳道腫脹等症狀。有時聲音聽起來有雙重音，這是因為左右耳聽到聲音的方式產生差異所致。大音響性外傷容易因身體狀況不佳、身心疲勞、壓力等引發。

■耳朵的腫塊

在耳朵軟骨、耳輪外緣處產生腫塊者，有可能是痛風。因尿酸累積於血液中所導致的痛風是因，是原本應隨尿液排出體外的尿酸，累積在關節處導致發炎所造成。肉類及啤酒中富含尿酸，當飲食過量、營養過剩，容易造成尿酸不易排泄，進而引發痛風。大部分的痛風在發作時，會在足部的大拇趾根部關節處產生尿酸沉澱，因而伴隨著激烈疼痛及紅腫現象。當病患體溫偏低，耳朵與腳趾容易腫大，產生所謂的「痛風結節」。

心悸、頻脈、心律不整

◉症狀

心悸、頻脈、心律不整通常在活動時不會出現，反而多半在安靜時才會發生。心臟在正常時每分鐘會規律地跳動50～80下，太快者稱為頻脈，太慢者稱為緩脈，不規則者則稱為心律不整。

此時常會出現的症狀是心悸，也就是病患會感覺到自己的心跳節律產生異常，胸口會噗通噗通跳而感到不安與不適。

◉原因

心律不整大多是因為壓力、睡眠不足、過勞、酒精攝取過量、抽菸等多重因素引起自律神經紊亂所致，不用過度擔心。

雖然西醫會認為是心臟有問題，但中醫則認為是體內水分過多所致，是水毒。

石原結實

人體在活動的時候，因為肌肉在動，所以會促進體內水分的消耗。可是靜止不動時，因為肌肉不動，所以水分就會維持原狀滯留體內。如此一來就會造成身體的寒冷，導致代謝減緩。

為了因應這種狀態，身體會引發心悸、頻脈、心律不整等現象來加速代謝以排除多餘水分。以自然醫學的觀點來看，這些現象並非疾病所引起的症狀，而是身體為了改善水毒所產生的改善現象。

受這些症狀煩惱的人有個共通點——有攝取過量水分的傾向。他們大多飲用綠茶、咖啡、冰涼飲料等具有讓身體寒冷功能的飲料。有很多人即使身體本來不需要，卻已經習慣買瓶飲料隨身攜帶，隨時拿起來喝。

要注意的是，身體在活動時所發生的

心悸、頻脈、心律不整，則可能是心臟疾病所造成。

◉解決方法

避免過度攝取水分，可以改喝能促進排泄作用的生薑紅茶，也可以多吃熱紅豆湯等有利尿作用的食品，幫助身體排出多餘水分。

■症狀一覽表

期外收縮（extrasystoles）

最常見的脈搏失調類型，因為心臟收縮節律紊亂，造成脈搏瞬間重拍，讓人產生脈搏加速，胸口一緊的感覺。自覺症狀的強度與病症嚴重程度不見得會一致，也就是說，不能用自己感覺的強弱來判定病情，一定要做檢查。

「心悸，而且好像快要昏倒」若有此類症狀，可能有嚴重的心律不整。

即使身體健康、心臟沒有任何毛病的人，在疲勞時或在壓力下，偶爾也會發生這種症狀。例如感覺到胸口不適、瞬間胸痛等，這些暫時性的症狀會在瞬間到數十秒之間消失。

心房顫動（atrial fibrillation）

脈搏數毫無規則地亂跳，可分為暫時性與固定性心房顫動兩類。心房顫動本身雖不會致命，但如果是因為心臟內血栓形成而導致，則另當別論。還是小心為要。

頻脈（tachycardia）

脈搏每分鐘100次以上為頻脈。任何人在運動時的脈搏都會加快，發燒、緊張時的脈搏加快也沒問題。但如果平時脈搏就持續偏快者，可能是葛瑞夫茲氏病之類的甲狀腺疾病或貧血。

緩脈（bradycardia）

脈搏每分鐘低於50下者。由於心臟運送到身體各部位的血液量偏低，送往腦部的血液自然也不足。因此會出現暈眩、失神等症狀。平時常運動的人會有緩脈的傾向，這是心臟游刃有餘的表現。但如果不管多激烈的運動，脈搏都不會加快者就有問題了，可能是罹患了病竇症候群（sick sinus syndrome; SSS）、房室阻斷（atrioventicular block, AV block）等心臟疾病。

突發性頻脈症（paroxysmal tachycardia）

脈搏突然加速到150至200次左右，下一瞬間，又突然恢復到正常脈搏速度。這種狀況的發生，多為上室性頻拍，並無生命危險。但若是心室性頻拍，則具危險性，所以發作時必須做心電圖的精密檢查。

咳嗽、痰

石原結實

◉狀況

咳嗽和痰，是肺和支氣管的有害物質和老舊廢物排出體外的排泄物。當痰的量多，咳嗽的次數也會增加。痰的顏色和黏度是判斷病情的重要指標。

肺炎、肺癌、支氣管擴張症、肺結核等病發作時，多半會產生血痰。此外，白血病、再生不良性貧血、肝硬化等容易出血的病症，也常出現血痰。由此可見，血痰是重病的訊號，一旦出現血痰，務必儘早就醫檢查。

◉解決方法

感冒、支氣管炎等呼吸系統疾病，主要是因為血液汙濁及寒冷所致，因此加速發燒、流汗、讓身體暖起來，是首要之務。發病初期，如果還有體力，可以藉由慢跑等運動，或洗三溫暖、泡澡等方式來促進流汗，通常可以恢復健康。

針對初期感冒症狀，漢方所使用的「葛根湯」，其實就是利用促進流汗，將老舊廢物排出體外、清理血液內汙濁物質的方法。

在民間療法中，會在熱味噌湯內加入含有許多蔥的蛋酒。此時如果能用約20 cc的日本酒取代蛋，再加上生薑末汁，和約30 cc的熱水，喝完後好好睡上一覺，效果會很好。在促進流汗方面，可以利用生薑紅茶和生薑濕布，兩者效果都不錯，而且還可以幫助止咳排痰。此外，為了避免刺激氣管和支氣管，應該維持室內空氣品質、禁菸、避免冷空氣的侵襲、禁食刺激性食物等。

■依症狀而異的痰

無色透明的黏痰……急性支氣管炎

發生發燒、流鼻水、食慾不振等感冒症狀。高燒多會持續2~3天，退燒後還會持續咳嗽1~2週。症狀拖延時，支氣管分泌物會增加，痰的黏性會消失而不斷溢流。

無惡臭的黏痰……慢性支氣管炎

持續2年以上有咳嗽和痰的症狀，可能是慢性支氣管炎併發肺氣腫的慢性閉塞性肺病（又稱吸菸症）。易生頑咳和痰，上下樓梯時，會咳嗽及呼吸困難，患者男性較多。若痰中帶膿，並有惡臭，則多為支氣管擴張症、麻疹、病毒性肺炎、肺結核之後遺症。若受到細菌感染，則會發燒、指頭末端會有浮腫的現象。

痰中帶膿呈鏽色的黏痰……肺炎

受病原菌感染的肺炎，發炎部位化膿，痰的黏性更強，痰中混含血液，所以呈現鐵鏽的顏色。會產生因高燒引發的畏寒、胸痛、呼吸困難等症狀。高齡病患有時則因食慾不振而無咳或無痰。

溢流的泡狀粉紅色痰……肺水腫

肺水腫會因為心功能不全導致肺臟內液體累積，造成呼吸困難、發紺（cyanosis），時而冒冷汗。

發作後大量產生黏痰……支氣管氣喘

過敏引起之發炎症狀，導致支氣管受到一些刺激就變得腫大而狹小化，使得患者呼吸困難。氣喘的發作情形依身體狀況、一天之內的時段、壓力大小而異。最容易發作的狀況是在身體寒冷、從夜晚到翌日早晨期間。發作時有呼吸困難、流汗、發紺、頻脈等症狀。

血痰……肺癌

罹患肺癌時，雖無特有症狀，但患者會出現咳嗽、血痰（混有血液的痰）、胸痛、呼吸困難、聲音沙啞、氣喘等現象。其中，有無血痰和是否能早期發現肺癌有密切關係。

血痰……肺結核

雖無特有症狀，但患者會有咳嗽、痰、血痰、呼吸困難、盜汗、食慾不振、體重減輕等現象。應該特別注意的症狀為「持續2週以上的咳嗽與輕度發燒」、「在短短數月中體重急遽減輕」。

血痰……肺血栓、肺梗塞

最廣為人知的肺血栓症狀為經濟艙症候群（長途飛行血栓症）。血栓較小時雖然不會有任何症狀，一旦血栓變大，病患會出現胸痛、呼吸困難、發紺、血痰等症狀，嚴重時甚至會猝死。

鼻

石原結實

◉症狀

當身體出現打噴嚏、流鼻水、鼻塞等症狀，大體而言，不外乎下列三種可能原因：感冒所引起的初期症狀或單純的鼻炎、花粉等異物所引起的過敏症狀、鼻竇炎所引起的症狀。

無論是哪種原因，都是體內水分過多、水毒所造成。鼻子出現上列症狀時，不只是為了將來自體外的異物或細菌排泄到體外，同時也想利用打噴嚏或流鼻水的方式，將體內過多水分排出體外。過敏反應也是如此。伴隨疼痛感或發燒的發炎症狀，則是顯示出體內的身體防禦反應，也就是說，白血球正在與細菌奮戰中。

◉解決方法

想消除打噴嚏和流鼻水的症狀，就要讓身體從內部溫暖起來，將體內過多的水分以汗水或尿液的形式排泄出來。至於鼻塞症狀，則可利用溫濕布與冷濕布，以鼻子為中心，反覆交替敷用，即可明顯改善。除此之外，也可以試著飲用生薑紅茶或生薑蔥湯，讓身體變得暖和些，然後再好好睡一覺吧！

鼻炎和鼻竇炎的發作，其實都是因為飲食過量或運動不足，使得血液呈現瘀血狀態所致。病患服藥後，症狀雖然可立即獲得改善，卻容易不斷復發，就是因為血液狀態並沒有真正改變的緣故。

由此可見，最重要的是檢討日常生活方式，好好改善自我體質。可以採行胡蘿蔔蘋果汁的早餐斷食法，利用泡澡、三溫暖、運動等方式來促進利尿、排汗，同時也可以加速體內老舊廢物的排泄作用。

■症狀與原因

發炎
病毒與細菌從喉嚨或鼻子入侵，使黏膜紅腫，引起發炎，伴隨疼痛及發燒症狀。鼻水和痰的顏色隨熱度上升而變濃，黏度也提高。發燒還會造成分泌物內的含水量減少，這是因為在體內生物體防禦反應作用之下，白血球與細菌戰鬥後留下的殘骸所致。
流鼻水
色淡而流個不停的鼻水。 過敏性鼻炎、具水毒症傾向者感冒時的症狀。
色濃而黏稠的鼻水。 細菌感染所造成的鼻炎、鼻竇炎（蓄膿症）發作時的症狀。
鼻塞
頭部昏沉、鼻悶不適。鼻炎、鼻竇炎、感冒、過敏等都可能導致此一症狀。因為鼻子無法呼吸而改以口腔呼吸時，很容易傷害黏膜，引發各種感染性病症，有時會讓人睡覺時容易打鼾。
鼻竇炎（蓄膿症）
鼻竇一旦發炎，自然會使鼻孔狹窄，因此鼻腔就會呈現蓄膿狀態。鼻竇黏膜發炎時，會製造出許多黏液，也就是從鼻孔溢出的黃色鼻涕。慢性鼻竇炎有鼻塞、不特定氣味之黏稠鼻涕的產生等症狀，若病情持續不癒，鼻涕會回流到咽喉，引發咽喉炎及支氣管炎。容易造成病患頭部昏沉、注意力散漫、記憶力減退等現象。 原因包括感冒病情延滯、鼻子過敏、鼻腔構造問題、大氣汙染及壓力過大等。慢性鼻竇炎會使鼻黏膜像香菇般膨脹，隨著帶有膿汁的鼻涕不斷流出，容易產生鼻息肉，令嗅覺變得遲鈍。
鼻血　無外傷卻流鼻血
過敏性鼻炎、慢性鼻竇炎→鼻子發炎，所以流鼻血。 血液疾病（白血病、再生不良性貧血、特發性血小板減少紫班病）→具止血作用之血小板減少，所以流鼻血。 肝臟病、肝癌→由於慢性肝病造成肝臟製造的凝固因子減少，所以流鼻血。 瘀血→身體為了排出汙濁血液，所以流鼻血。 高血壓、過敏反應、藥物的副作用→許多中高年男性流鼻血時，是因為高血壓而導致大量出血。
鼻翼呼吸（吸氣時，鼻翼部位會間歇性張開）
●呼吸困難，空氣不易吸入，肺部膨脹困難，為了能增加呼吸量，因此將鼻翼擴張。 從氣喘發作演變成大發作時，可導致肺炎、支氣管炎、心臟病。

指甲

福田 稔

◉狀態

指甲是皮膚的一部分。由名為角質的蛋白質所構成，在健康狀態下，手指甲的生長速度每天約0.1毫米。

指甲所扮演的角色是保護手指，以免遭受外界的刺激，也拜指甲之賜，人才可以順利抓住東西，並且平順走路。

指甲的狀態可以顯示身體的健康狀態。正常健康的指甲有光澤，透過指甲所看到的血液顏色，會呈現粉紅色狀態。一旦生病，就可能會改變顏色、產生縱向紋路、肥厚化、變形等現象，有時甚至會使得指甲剝落。

指甲位於身體的末端，營養補給難以充分供應，所以當身體的營養狀態、血液或代謝狀態不良，也會影響到生成指甲的部位。

對指甲的保養而言，傷害最大的就是去光水。去光水中所含成分會去除油脂，讓指甲和皮膚變得十分乾燥。所以正確的指甲保養，應特別注意保濕。

此外，如穿鞋或指甲太長等外來壓力，都可能導致指甲變形、指甲陷入肉裡，所以最好能在每天進行指甲按摩時，同時觀察其健康狀態。

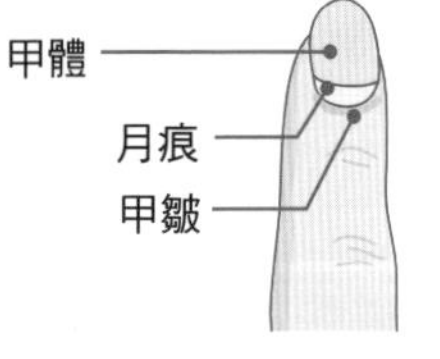

甲體
即一般所謂指甲，屬於硬的部分。

月痕
位於指甲根部，正在生成指甲的新月形部分。可以看到的部分因人而異，看不到並不代表不健康。

甲皺
負責保護月痕。如果切掉這個部分，指甲會變得凹凸不平，或者容易長出肉刺。嚴重時還會讓病菌進入，導致發炎。

■從指甲看身體健康狀態

顏色蒼白	貧血。
呈紅色	多血症。深紅色表示紅血球的增加，若置之不理，血液的黏稠度會增加，產生頭痛、暈眩、高血壓等現象。
指甲易裂	貧血或肝功能障礙。
暗紫紅色	瘀血或發紺。
匙狀指甲	像湯匙般表面凹陷，呈現彎曲外觀。女性較多見，可能是缺鐵所致的貧血症狀。
指甲易剝落	油脂或水分不足、皮膚乾燥，是貧血常有的症狀。
指甲偏厚	香港腳造成的現象。指甲全體產生黃色縱向紋路。嚴重時會導致指甲剝落，穿鞋時會有疼痛感。
杵狀指	指甲前端如包裹在裡面般生長，有肺氣腫、慢性支氣管炎、肺癌等呼吸器官的疾病。 指甲前端如太鼓鼓槌般的圓弧狀，叫做杵狀指，多半有先天性心臟病、支氣管擴張症、慢性支氣管炎、肺氣腫。
表面出現縱紋	老化的徵兆。就像肌膚老化會產生皺紋一樣。壓力、睡眠不足、過勞等都容易發生。
表面出現橫紋	慢性病患者、過勞等健康狀態惡化時容易發生。
綠色指甲	綠膿桿菌類的細菌感染。
黃色指甲	香港腳、念珠菌、肺炎、氣管炎、甲狀腺相關疾病、指甲白癬（發作於指甲部位的足癬）。呈現白濁外觀，指甲下面會變厚。香港腳的外用藥無明顯效果。
指甲白斑症	指甲白化的疾病。指甲出現雪白顏色，通常呈現橫條帶狀，有時候也會整個指甲白化。點狀白斑或帶狀白化現象，通常和指甲油的使用有關，停用指甲油後，往往可以自行痊癒。
指甲剝離症	指甲會自行剝離的疾病。由指甲先端開始剝離，再逐漸往下進行。可能原因為甲狀腺機能低下、全身性疾病、藥物副作用。

眼睛

福田　稔

◉症狀

視野模糊、眼睛無法對焦、眼底有重疊影像、眼睛乾澀、眼睛酸到流出眼淚等，這些五花八門的症狀，都是現代人因為重度使用電腦和看手機，虐待我們的靈魂之窗，所產生的眼睛病症。

尤其當保護眼睛的淚液不足，眼球表面會有乾眼現象，眼睛就容易產生異物感，還會有充血、疼痛、壓迫感等症狀出現。此外，眼睛的不適更會進一步引發肩膀僵硬及頭痛等症狀。

◉原因

中醫常說「肝血充足，眼清目明」。由此可見，肝臟和眼睛的關係十分密切。

眼睛是臉部消耗最多能量的器官。眼睛在起床後，就會馬上開始工作，做為能量來源的血液，必須提供給布滿眼球上的微血管使用。

因此，一旦負責血液中老舊廢物的解毒與淨化作用的肝臟功能遲鈍，眼睛狀態就會惡化、模糊、產生眼翳，眼球表面就會出現乾澀的症狀。如果持續維持這種狀態，眼睛的周圍有時就會產生黑眼圈、暗沉、皺紋等外觀。

此外，下半身的健康狀態也對眼睛有影響，足、腰部較衰弱者，若出現疑似頻尿症狀時，容易出現老花眼、白內障、乾眼症等症狀。原因就是頭部有瘀血狀態。

◉解決方法

可利用指頭按摩療法，或是除去頭部瘀血，讓身體呈現頭涼足熱，對乾眼症、眼翳症都有立即的效果。

其次，將毛巾用溫水浸濕，稍微擰乾後，將濕布敷於雙眼之上，像這樣熱敷10～15分鐘後，患部血液流通就可以改善，症狀也能隨之減輕。此外，溫濕布敷後1分鐘左右，若再配合冷濕布敷用，如此反覆數回，效果會更加顯著。

除了發作時的治療法，日常生活習慣也很重要，例如經常眺望遠處的景色，多走路、多運動，以鍛鍊出健康的下半身。

食材方面，多攝取與下半身健康息息相關的食物，例如胡蘿蔔，因為胡蘿蔔裡面富含「眼睛維生素」的維生素A。當然，身體的休養也是非常重要，設法控制自己使用電腦及玩電玩的時間，這樣自然可以讓肝臟的功能恢復正常。

■眼皮的異狀

眼皮浮腫	顏面受到壓迫，水分流動不良。多是因為睡前水分或酒精攝取過量所導致，數小時後即可恢復正常。若持續半天以上，則需檢查是否為急性腎炎、糖尿病性腎病等腎機能低下之相關病症。如果只有眼皮或嘴唇暫時出現浮腫症狀，則屬過敏現象。
眼皮黃腫	當眼皮出現黃腫症狀，稱為眼瞼黃色腫，是體內過剩膽固醇之排出物質。當總膽固醇量超過260mg/dl以上，除了眼皮，手掌心、手指關節內側也會出現黃腫症狀。
下眼皮內側的顏色	下眼皮內側蒼白時，為貧血的徵兆，呈紅色充血狀時，則是壓力過大的警訊。
眼皮下垂	單邊下垂時，可能有蜘蛛膜下腔出血、腦炎、髓膜炎、腦腫瘤等腦部疾病的危險。雙邊均下垂，反覆眨眼後會惡化者，恐是重症肌無力。
眼皮無法閉合	可能為顏面神經麻痺，有時則為病毒或外傷所導致。
眼皮向上吊	眼皮肌肉因痙攣而收縮，眼皮重疊，因眼皮上吊，顯得眼睛圓睜，有罹患甲狀腺機能亢進症所引起的葛瑞夫茲病之虞。
眼皮硬化	將眼睛閉上，以食指指腹輕壓眼球部位，若感覺硬化，可能是眼壓升高所造成。青光眼的發生，是因為眼房內部負責清潔水晶體的房水，因無法順暢排泄所致。眼壓上升容易傷害視神經，引起視野狹窄。過多水分的累積，其實就是一種水毒症。

「專欄3　福田稔」

AIUBE體操

提高舌頭位置，嘴巴呼吸轉成鼻子呼吸，「啊」、「壹」、「嗚」、「唄」，恢復正常免疫力的體操。

所謂的AIUBE體操，是由力行自律神經免疫療法的福岡縣未來診所院長今井一彰醫師所提出，是一種可以提高免疫力的體操。

當舌頭的位置比正常狀態還低（嘴巴閉合時，舌尖抵住牙齒內側），口腔內雜菌會增生，容易生病。

當類風濕性關節炎患者的發炎症狀惡化，會有特有的口臭產生。為了改善患者的這個症狀，我想出了這種鍛鍊舌頭的肌肉，改用鼻子呼吸的訓練法。一旦矯正好舌頭的位置，不用服藥，不只是類風濕關節炎，其他多種疾病都可獲得改善。只要按部就班做到最後，用力地發出「唄！」這個音，就可以鍛鍊舌部肌肉，簡簡單單用鼻子呼吸。

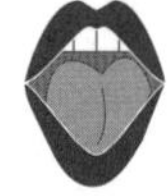

「啊~」A
發「啊~」音的同時，把嘴巴張大。

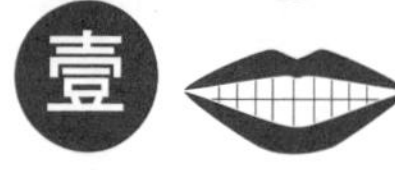

「壹~」I
「壹~」音的同時，把嘴巴往橫向拉開。

「嗚~」U
發「嗚~」音的同時，把嘴巴用力往前突出。

「唄！」BE
發「唄！」音的同時，把舌頭用力往下突出。

每天以做30回為目標，持續進行。有沒有發出聲音都無所謂。剛開始的時候，可能會有嘴酸、肌肉疼痛的現象產生。如果嘴巴打開會痛，只重複「壹～」、「嗚～」亦可。

在濕度比較高的浴室裡進行，可以消除口乾舌燥的情形。小孩子也可以輕易學會。養成習慣後，每天做100回以上也輕而易舉。

截至目前為止有改善效果的病症

- 過敏性疾病（過敏性皮膚炎、支氣管氣喘、花粉症、過敏性鼻炎）
- 膠原病（類風濕性關節炎、紅斑性狼瘡、多發性肌肉炎、修格蘭氏症候群）
- 神經相關疾病（憂鬱症、抑鬱狀態、恐慌症、全身倦怠感）
- 消化性疾病（胃炎、大腸炎、便祕症狀、痔瘡）
- 其他疾病（打鼾、尋常性乾癬、高血壓、感冒等）

第四章　吃出生命力

有生命力的食物，是獲得健康的要素

每天的食物，
構成了我們的身體，
了解食材的特性，
對維持健康貢獻良多。

腸道免疫

安保 徹

◉體內最大的免疫機能

正所謂「健康，從肚子開始」，腸道（小腸）擔任體內最大免疫機能，是每天所攝取大量飲食的消化吸收器官。

腸道的表面積，從入口開始到肛門為止，約有400平方公尺，長達7公尺，展開面積相當於2個網球場的大小。尤其是以米飯為主食的東方人，腸道的長度比西方人更長。

體內和最多細菌與病毒接觸的場所也是腸道。腸道會吸收附著在食物上侵入體內的細菌或營養素，識別食物的品質優劣或安全性。假如細菌或病毒可以輕易入侵腸內，可能就會有生命危險，因此腸道必須具備保護身體的安全裝置，也就是腸道免疫系統。

透過腸道免疫系統，可以辨識進入腸道者，究竟是入侵者、安全有用的微生物、還是對身體有害的細菌或病毒，然後容許安全的物質進入。在維持身體健康上能助一臂之力，同時排除有害物質，這就是所謂的「經口免疫寬容」，是相當艱鉅的任務。

在血液中流動的淋巴球，有六、七成都集中在腸道內，免疫系統則約有七成集中在腸黏膜上。這是因為從顆粒球釋放出的自由基很容易附著在黏膜上，有利於細菌入侵的關係。

此外，腸道內的神經細胞更高達1億個，相當於大腦以外體內神經細胞數量的一半。

換言之，神經細胞會因食物而受到影

■腸道免疫系統的指揮所—沛氏集合淋巴結（Peyer's patch）

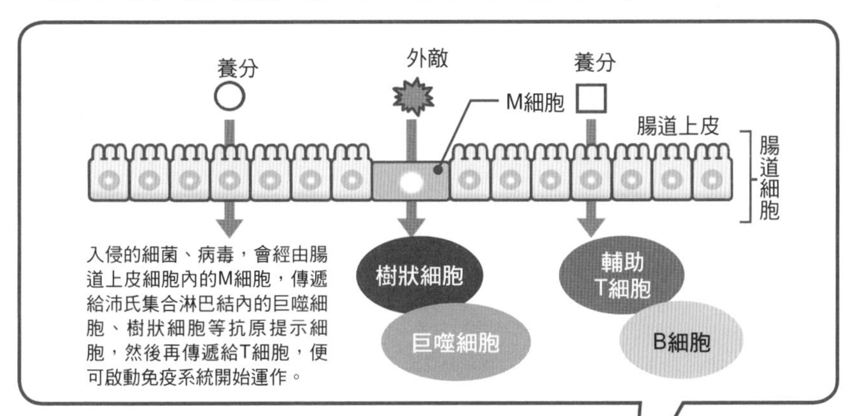

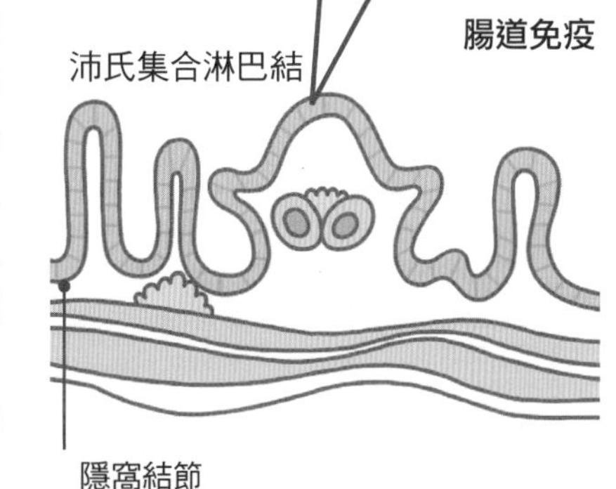

腸道中，有獨特的免疫器官與免疫細胞，由沛氏集合淋巴結、小腸上皮細胞、腸道固有淋巴球、黏膜固有層、黏膜固有淋巴球所構成。在這些組織之下，有稱為腸間膜淋巴球和腸道淋巴組織的腸道獨特T細胞的製造場所。有細褶的管狀構成腸道，在腸道內的各處，有稱為沛氏集合淋巴結的彎道緩坡的部分到處分布。

這個沛氏集合淋巴結正是腸道免疫系統的指揮所。沛氏集合淋巴結上有T細胞、B細胞、NK細胞等等，連巨噬細胞都聚集在此。在腸道上皮細胞中，擔任守衛任務的是M細胞，一發現入侵者，就會急忙通知沛氏集合淋巴結，引發免疫反應。其他免疫細胞則會將入侵者從腸道上皮細胞的間隙中拉出，再將這些入侵者隔離在細胞內。

一旦判定入侵者對細胞有害，細胞就會合成抗體免疫球蛋白IgA，以做為攻擊有害入侵者的武器。

響，因此，長期的偏食行為，容易導致交感神經或副交感神經呈現緊張狀態，進而造成自律神經失衡。

更何況人到中年之後，腸道免疫成為免疫系統的中心，腸內環境是否健全，就成為維持健康的關鍵。每天的飲食內容，日積月累下來，當然會造成莫大影響。

◉腸內細菌與免疫作用的關係

本來食品就會因免疫寬容作用，抑制其反應，但是像大豆、麵粉、蕎麥麵、蛋等食品，卻可能會引發過敏反應。

所謂的過敏現象，其實是副交感神經占優勢的過度反應，目前已知和腸內細菌有關。

腸內細菌不喜在空氣中（厭氧性），幾乎都在大腸內滋生，總數約100兆個，總重量為1公斤，種類至少有100種以上。

■腸內細菌的作用

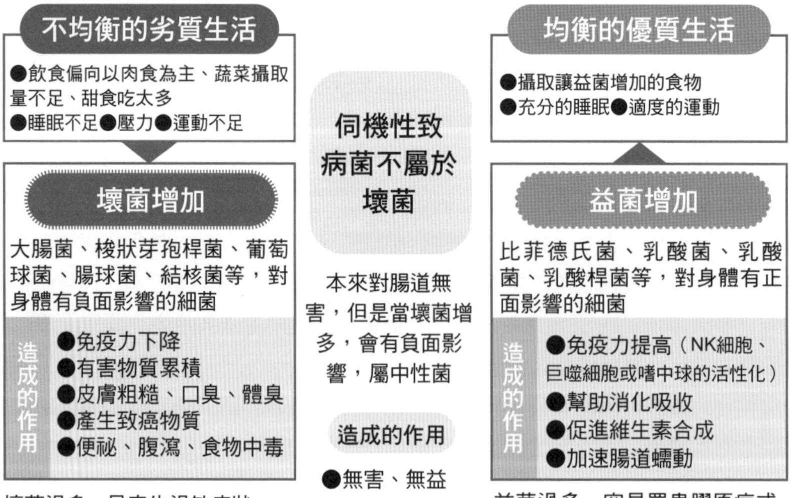

不均衡的劣質生活

●飲食偏向以肉食為主、蔬菜攝取量不足、甜食吃太多
●睡眠不足●壓力●運動不足

壞菌增加

大腸菌、梭狀芽孢桿菌、葡萄球菌、腸球菌、結核菌等，對身體有負面影響的細菌

造成的作用
●免疫力下降
●有害物質累積
●皮膚粗糙、口臭、體臭
●產生致癌物質
●便祕、腹瀉、食物中毒

壞菌過多，易產生過敏症狀。

伺機性致病菌不屬於壞菌

本來對腸道無害，但是當壞菌增多，會有負面影響，屬中性菌

造成的作用
●無害、無益

均衡的優質生活

●攝取讓益菌增加的食物
●充分的睡眠●適度的運動

益菌增加

比菲德氏菌、乳酸菌、乳酸菌、乳酸桿菌等，對身體有正面影響的細菌

造成的作用
●免疫力提高（NK細胞、巨噬細胞或嗜中球的活性化）
●幫助消化吸收
●促進維生素合成
●加速腸道蠕動

益菌過多，容易罹患膠原病或類風濕性關節炎

這麼多的腸內細菌在腸子表面黏膜上滋生，看起來就如花海一般，在腸內搖曳生姿。

這些細菌大體上可分為三大類：有益菌、有害菌、伺機菌，左右著腸內的免疫環境。在有害菌與有益菌維持均衡的狀態下，無論是伺機菌或有害菌，對身體都不會產生特殊的害處。

已有研究報告指出，在過敏症患者腸內，屬於有益菌的乳酸桿菌數目比正常人來得少。此外，兒童因服用抗生素，導致腸內細菌群遭受破壞，過敏症狀發作率也較高。

目前已經知道，當腸內有害菌過多（此時由於T1細胞的反應，B細胞會合成IgG1、IgE抗體），容易導致異位性皮膚炎等過敏症狀。而當有益菌過多（此時由於T2細胞的反應，B細胞會合成IgG2a抗體），則容易導致膠原病或類風濕性關節炎。

會有這些不同的反應，是因為腸內所含淋巴球的輔助T細胞（T1、T2細胞），為了傳達入侵敵情的訊息，所合成的生理活性物質細胞激素種類不同所致。

因此，想要提高腸道免疫力，可以積極攝取乳酸菌或發酵食品以調整腸內狀態。如此一來，不但可以防止發生過敏症狀或膠原病，也可以提高身體的抗壓性。

陽性、陰性的食物

石原結實

◉溫熱身體的食物、導致身體寒冷的食物

在醫學和營養學上，缺乏「有些食物可以溫熱身體，有些食物則會讓身體容易覺得冷」的觀念。

從中醫的觀點來看，體質可分為「陽性」與「陰性」，同樣地，食物也有「陽性」與「陰性」之分。

根據這種觀點，當生病的原因是體寒或寒冷，就讓病患食用可以溫熱身體的陽性食物；反之，當生病的原因是體燥或燥熱，則建議患者食用可以讓身體冷涼的陰性食物。簡單來說就是要針對不同體質，不同病因，提供相對應的適當食物來回復健康。

分辨「陽性食物」和「陰性食物」的方式，可以用傳統的陰陽法則做為參考。

若以顏色來說明，紅、黑、橙色等暖色系屬「陽」；青、白、綠等寒色系屬「陰」；黃色則因為是中間色，所以屬性介於「陰」與「陽」之間的中間性。

首先，我們來看看如何用顏色區分陰性或陽性食物。

紅、黑、橙、黃色的暖色系食物，屬於可溫熱身體的陽性食物，有黑麥麵包、黑糖、紅豆、黑豆、紅茶等。青、白、綠色的寒色系食物，則是容易讓身體變涼的陰性食物，有綠色蔬菜、白糖、白米、白麵包等。

其次，我們可以從食物的產地來分別食物的性質。

從自然的原理來看，生活在北方寒冷地帶的人，為了要溫暖身體，所以比較會吃陽性食物；相反地，生活在南方溫暖國度的人們，自然偏好吃些能讓身體覺得涼爽的陰性食物。因此，北方寒冷區域所取得的食物，例如鮭魚、蕎麥等，本身如果也屬寒冷性，根本就無法存活下去，所以是屬於帶有溫暖性質的陽性食物。而在南方溫暖區域所取得的食物，如香蕉、橘子、鳳梨、番茄、西瓜、小黃瓜、咖啡等，則屬於陰性食物。

在日本，由於氣候特性同時具備炎夏與寒冬，所以夏天時，應該要多吃些讓身體冷涼的食物；到了冬天，則以攝取能溫熱的食物為宜。

其次，在各種農作物中，生長在靠近太陽的地方者屬陰性作物；生長在地面以下、土壤裡面的作物則為陽性作物。生長於高處的食物本身性寒，所以會朝向散發出高熱能的太陽延伸生長。相反地，往土壤深處延伸生長的根莖類如牛蒡、胡蘿蔔、蓮藕、蒜、洋蔥、芋頭、生薑等，則是質硬、色濃，屬於典型的陽性食物。

此外，食物的軟硬程度，也是區分陰性、陽性食物的一大重點。

白麵包或奶油等柔軟的食物，因為富含容易讓身體變冷的水分和油脂，所以是陰性食物。顏色為白色的牛奶，本來是陰性食物，但是一旦加熱失去水分，變成硬質的起司後，就成為陽性食物。

調味料也分陰陽性。像食鹽、醬油、味噌是陽性食物；醋則屬陰性食物。

從營養學的角度來看，含鈣量多的物質（陰性），會讓身體冷涼緩和；含鈉較多的物質（陽性），則會讓身體溫熱緊縮。

在日常飲食生活中，如果想要預防疾病、維持身體健康，與其要求營養豐富，更應該設法選擇均衡的食物。依照自己的體質為陽性或陰性，來選擇可以讓身體冷涼或溫熱的對應食物。假如一個陰性體質的人，還盡吃些陰性食物，就會讓自己的陰性體質更為嚴重，最後將會危及健康。

正確的作法應該是，攝取與自己體質相對的食物，設法讓體質維持在中性。

陽性體質的人，應以食用陰性食物為主，讓身體可以適度變得冷涼，這樣就會讓身體狀況好轉。陰性體質的人，則以陽性食物為主，溫熱身體，也就可以維持健康狀態了。但是，觀察現代人的飲食生活，有許多人都因為攝取過量的陰性食物，導致體溫過低。對這些人而言，除了炎炎夏日，請務必減少食用熱帶水果、清涼飲料、化學調味料等。

◉將陰性食物轉為陽性食物的訣竅

即使本來是陰性的食物，也可以利用調味料、加工法和料理法等方式，把它轉變成陽性食物。

例如前面提到的，白色、含有多量水分的牛奶，經過加熱、發酵後成為起司，外觀變黃、含水量減少、質硬，同時也轉變為一種陽性食物。

綠色葉菜也是可以利用食鹽，加上重壓的處理，就可成為醃漬食物。色白、含大量水分的蘿蔔，加鹽、再用大石頭的重量施壓，就可以製成醃蘿蔔。這麼一來，也就變成了陽性食物。

將綠茶加熱、發酵，會變成紅茶，成為可以溫熱身體的陽性飲料。

生的葉菜類本來會讓身體冷涼，若經過煎、煮、炒、炸等料理方式，就成了一盤盤的熱菜，自然能化身為陽性食物。

將夏季採收的番茄、小黃瓜、西瓜用鹽醃漬後，不但可以增加美味，還會把其陰性轉成陽性，食用後就不會讓身體變冷，可說是一種民間的智慧。

想吃生菜沙拉的時候，可以在沙拉中

加入洋蔥、胡蘿蔔、蓮藕等根莖類，沙拉醬則使用以醬油為主的和風醬，如此一來，就可以減弱沙拉冷卻身體的作用。為了自己的健康著想，請在食材、調味料和料理法上多下點功夫。

■陽性食物與陰性食物

陽性食物 可以溫熱身體的食物	中性食物	陰性食物 可以讓身體冷涼的食物
●北方產的食物 鮭魚、螃蟹、干貝等 ●紅、黑、橙、黃色食物 紅色的肉或魚或卵、黑麥麵包、蛋、海藻、黑豆、黑糖、紅茶等。 ●多鹽的食物 味噌、醬油、佃煮（魚貝藻類加味淋與醬油煮）、明太子等。 ●含水量少而質硬的食物 起司、醃漬食物、黑糖、仙貝、乾果類等。 ●根莖類 牛蒡、胡蘿蔔、蓮藕、芋頭、生薑、蒜、洋蔥等。 ●酒精類製物 日本酒、紅酒、梅酒、用熱水稀釋過的燒酒、紹興酒等。	●黃～淡茶色之間顏色的食品 糙米、薯類、大豆、玉米、栗子、小米、稷、南瓜、納豆等。 ●北方產水果 蘋果、櫻桃、葡萄、蜜棗等。	●南方產食物 香蕉、西瓜、鳳梨、橘子、檸檬、芒果、咖哩、咖啡等。 ●青、白、綠色食物 牛奶、白砂糖、豆腐、綠茶、白麵包、烏龍麵、白米、化學調味料、化學藥品、青汁等。 ●綠色葉菜類 萵苣、白菜等。 ●酸味食品 醋、沙拉醬、美乃滋等。 ●含水量高、柔軟的食物 麵包、生奶油、奶油、果汁、清涼飲料。 ●酒精類製物 啤酒、燒酒、威士忌等。

有水毒的人要吃暖色系食物（黑、紅、橙、黃色）、北方產的食物、硬的食物、加熱、發酵過的食物、動物性食物、加鹽的食物，讓身體溫暖，促進排泄。

食物與心理的理想狀態

福田 稔

◉少食會招來幸運

我所尊敬的一位古人水野南北，在平均壽命40歲的江戶時代後期享壽78歲，在當時可算是一位非常長壽的觀相大師。

南北的教誨最特別的就是「人運在食」，也就是說食物會影響人的命運（節食開運說）。

南北還小的時候，失去雙親成為孤兒，後為叔父養育。他的性格放蕩不羈，18歲的時候因為酗酒為非作歹而被捕。

南北在牢獄中生活時，發現罪犯的相和普通人的相之間，有明顯不同的地方。出獄後，南北拜訪了大坂相當有名的面相師，面相師看出他顯現出惡相和凶相，對他說：「你會有刀光劍影之災，只能再活一年。」面相師告訴他唯一得救之道就是出家。於是南北來到禪寺，請求進入佛門。然而住持卻因他的惡相而拒絕他，但對他說道：「未來一年內，如果你可以持續只吃麥和大豆，就可以讓你進入禪寺。」

此後，南北在港口工作的一年期間，認真地實踐了只吃麥和大豆的生活。完成了這個要求後，南北再度拜訪面相師，面相師驚訝地看著南北說道：「那麼嚴重的劍難之相，竟然被你消除了，你一定是積了救人一命般相當大的功德！」

也就是說，透過實際改變飲食的內容，積了陰德後，改變了南北的凶相。

在這樣的機緣之下，南北21歲時，就立志要成為觀相師。一開始，他先去做理髮店的學徒，研究了3年的人相；接著他到澡堂工作，花了3年的時間深入鑽研全身的體相；最後，還去擔任火葬場的工作人員3年，詳細調查死人的骨骼與體格。如此反覆研究體相和命運的關係。

50歲時，他前往伊勢神宮，在五十鈴川進行21天的斷食，此時，他在祭祀豐受大神的外宮獲得開示，也就是「人運在食」。豐受大神本是掌管以五穀為首的一切食物之神祇，也負責天照大神的飲食。

就這樣，南北決心「為眾生而節食」，一生貫徹粗食淡飯的生活。

南北有一句名言：「麥飯青菜，每日節制，一合五尺，七分飽足，其餘食材，奉獻神祇，若欲運開，三年慎食。」

菜單的內容，主食是麥飯，配菜是一湯一菜，不吃白米飯，也不吃餅，每日飲酒量則絕不超過一合。

南北的面相本來被研判為極凶之相、短命之人，先天根本就不具備任何長壽成功的面相。但即使如此，謹慎飲食的結果，讓他開運、健康、長壽，並累積了相當多的財富。

這個故事教導我們，對食物應該時刻抱持戒慎恐懼的態度。

進食，本是為了養活自己，而不是為了奪取其他生命而食。

所謂肚子七分飽，奉獻給神，並非真的要把食物供奉在神桌上。真正的意義在於不要狼吞虎嚥地攫食所有食物，而是要抱著感激的心情來飲食。

雖說是要對均衡粗食抱著感激的心情進食，但是不只是感謝獲得身心的均衡而已，我想同時也應該感謝整體生態系的平衡才是。

日本人在用餐前都會雙手合掌，畢恭畢敬地說：「我要開動了。」這裡面所隱含的意思是，身而為人，對提供給我們生命的動植物們，表示感謝的心情。

用餐完畢簡短的一句：「謝謝招待。」也是對生命表示尊敬的話語。

生病的人當中，雖然有許多人會執著於攝取能讓身體痊癒的食物，但是我認為，首要的心態應該是要感激食物，感恩孕育出這些食物的大自然、宇宙才對。

讓大地變得更加肥沃、播種、採收作物的農家子弟們都知道，要感謝自然的恩賜，付出再多的愛也在所不惜。

至於餐飲的從業人員，也能深刻體認到，每一道菜都有生命蘊藏在內，因此在烹調過程中，自然不會浪費任何食材，對肉和魚的重視不在話下，甚至也十分尊重刀具。

像這樣在每次進食的時候，都能奉獻自己的時間與愛，抱持著感激的心，當然會把身體引導到健康的狀態，並且讓身體能充滿生命的能量。

我個人相信，對食物的每一次選擇，其實都存在著克服疾病的答案。

水野南北的「招來幸運之法」

～摘自佐伯真著《偉人、天才們的餐桌》一書（德間書店出版）

- 飲食量少者，即使人相不吉，運勢亦吉。
  從此得過優渥人生，長壽，特別是晚年吉。
- 飲食經常過量者，即使本有吉相，行事必遭困阻，遇事難以得心應手，一生勞心勞力，尤以晚年為凶。
- 長年暴飲暴食者，即使人相為吉，運勢亦浮沉難定。若本來貧困，則每況愈下。若家財萬貫者，亦會傾家蕩產。暴飲暴食者，若加之以人相之凶，則恐落得死無葬身之地般下場。
- 美食之度，常時超乎己力者，人相雖吉，運勢必凶。若不慎於美食，必致家道中落，出門在外，難有成功立業之望。何況本為貧窮人家，卻依然執著美食者，注定終身勞頓，難得安樂。
- 生活水準雖堪得美食，卻能以粗茶淡飯為樂者，人相縱屬貧相，有朝一日，必能身擁恆財，安享天年。
- 飲食時間不定者，即使本有吉相，亦轉為凶。
- 少食者，不受絕症及頑疾之苦。
- 生活懈怠、酖溺酒肉、不求精進者，定難成功。
  若欲成功立業，則需一心一意、專心致志、日日節衣縮食、戒慎美食之惑、愛其所選之途，待機會成熟，自有成功之果。若心中時刻懷有對美食之渴望者，成功希望，渺茫無期。
- 人格之高下，取決於飲食之謹慎與否。
- 多食酒肉而肥者，與飛黃騰達無緣。

招來強運的祕訣

- 早睡早起。
- 衣、住奢華者，大凶。
- 深夜工作者，大凶。
- 儉約雖吉，吝嗇者凶。

利用反射作用的飲食療法

◉活用反射作用的飲食療法

飲食與自律神經有著相當密切的關係。消化活動是經由副交感神經作用進行，因此飲食行為本身就是解除壓力、維持自律神經平衡的方法。所以有些壓力過大的人之所以會發生飲食過量的情形，其實都是為了恢復副交感神經平衡。

在各種食品中，有些會讓副交感神經佔優勢，有些則是會讓交感神經占優勢。會讓交感神經占優勢的是鹽分。

在料理過程中使用大量的鹽，會讓交感神經占優勢，使得血管收縮，身心處於興奮狀態，但有時也會導致免疫力下降。會讓副交感神經占優勢的元素包括鎂、鉀、鈣等礦物質。以食物來講就是糙米、海藻、蘑菇類、蔬菜等，這些食物都富含膳食纖維。

諸如此類富含膳食纖維的食物，並不容易消化，所以腸道就會想要盡其所能地運動，以便消化掉這些食物。如果吃得太多，腸道會因為工作量超過負荷而引起便祕，所以讓肚子八分飽是基本。

除此之外，如山葵、芥末、生薑的特殊香氣跟藥味，帶有苦味的食物，酸的食物如梅乾等，人體在吃了這些食物以後，會產生想要排泄出去的反射反應。因此能活化腸胃的活動力，如此一來就可以提高排泄力，讓體內變得乾乾淨淨。

我在家裡吃的是糙米飯，早餐是糙米輕食，午餐是吃糙米便當，晚餐時會喝點酒，喝得較多時，就不再吃飯，喝的少就少許吃些晚餐。一天的飲食總量就像這樣，在晚餐時進行調節。在一次偶然的機會下，我在指導研究糙米的研究生家裡開始吃糙米飯，體重雖會增加，但是健康依然良好，連睡覺時都有好夢。

但是，日常飲食千萬不要太過拘泥於小節，如果抱著「非得這樣吃不可」的想法，反而會給自己帶來太大的壓力。

我無論到哪裡，都會對端出來的食物充滿感恩，並且快樂享用。雖然很快吃完可以讓身邊的人驚喜，但是如果能細嚼慢嚥，從容地把食物吃得精光，相信效果絕不會比狼吞虎嚥來得差。

生機食物	發酵食物	高纖食物	特味食物
具有發芽力與生命力的食物，未經人為加工的食物。從這些食物中，可以獲得加工食品中難以取得的營養素。 ● 糙米（富含身體所需各種營養素，且均衡分布） ● 小魚（從頭到尾都可以大快朵頤） ● 芝麻（滋補強身的萬能藥） ● 豆類（號稱是田裡的肉類） ● 蝦米（富含動物性的膳食纖維）	藉由微生物作用經發酵熟成所得的食物。食用此類食物，可以吸收食品及微生物中含有的營養素及有效成分。還可獲得發酵過程中的酵素。 ● 醃漬物（利用微生物的發酵作用提高營養素作用力） ● 味噌（利用麴菌發酵熟成產生。含豐富營養，同時可促進維生素的新陳代謝） ● 優格（牛奶經乳酸菌與酵母菌發酵製成，增進腸道蠕動）	富含膳食纖維的食物，可以增加咀嚼次數，進而讓唾液分泌量變多。進入腸道後會膨脹，可以藉此將有害物質一併排出體外，連腸內細菌都可掃除。 ● 蔬菜（根莖類尤其豐富） ● 菇類（不但纖維含量豐富，品質優良，而且低卡路里，還含有能增強免疫力的β聚葡糖） ● 海藻（另含海洋礦物質）	具有獨特風味或苦味的食物。是身體本能不喜歡的食物，會引發腸胃的排泄作用，以便把這類食物排出體外。容易造成副交感神經占優勢，所以請勿攝食過量。 ● 酸味食物（醋、梅乾、檸檬等） ● 苦味食物（紫蘇、苦瓜、薑黃等） ● 辛辣食物（生薑、洋蔥、芥末、大蒜、辣椒等）

利用植化素活化免疫作用

◉蘊藏在自然界中的「植物力」

要提高免疫力，白血球的作用很重要，而如果要活化白血球的巨噬細胞，就需要植物中所含的植化素。

植化素直譯其意，原文的意思是指「植物體內所含有的化學物質」。植物從出生到死亡，都在同一個地點無法離開，為了抵禦紫外線的傷害、病蟲害的侵襲等，就會製造出這些植物的免疫物質。

水果和蔬菜內含有植物營養素礦物質、維生素等有效成分，其中還包括色素、辣味物質、香氣成分等，這些成分在人體的白血球中扮演重要角色，在人體內可做為抗氧化劑使用。香辛料植物的色素、辣味、苦味、香氣成分等也屬於植化素。植化素中含有的硫化物、二丙烯基硫化物等，可以減緩血液的凝固現象，讓血液可以維持暢通。

要獲取充足的植化素，需要10年、20年的長期攝取，持續攝取期間的長短，會影響人體的患病難易度，進而造成健康上的差異。植化素的免疫增強效果，最長不會超過24小時，因此每天攝取植化素非常重要。

此外，因為植化素的抗氧化作用，使得在加熱料理的過程中，會讓植物細胞構造崩解，如此一來即可讓抗氧化成分大量釋出，發揮植化素的抗氧化作用。這些成分的種類約有數萬種之多。

雖然有許多植化素成分已被活用於做成添加劑上，市面上也很容易買得到，但是已非這些食物原來的全貌。人體所需要

的不僅是營養而已，單純用添加劑想要完全取代食物的角色，並非合理的作法。

舉例來說，如果只是著眼於紅酒中含有的香氣和發酵成分，而用多酚化合物的添加劑取代紅酒，或許可以攝取到更高劑量的「有效成分」，但是在此同時，也失去了味覺、視覺、嗅覺等五官的滿足感。千萬別忘了，對提高免疫力而言，心情的快樂與否也很重要。

■代表性的植化素

花青素（anthocyanin）	紅酒、藍莓、黑豆等含有黑、青色植物色素。
單寧（tanin）	綠茶、紅茶內含有澀味成分。綠茶含有兒茶素。
皂素（saponin）	食品渣滓中含有的成分。大豆皂素可以防止脂質的氧化。
異黃酮（isoflavone）	大豆中含有的成分。其功用類似女性荷爾蒙中的雌激素（estrogen，又名動情激素）。
黃酮醇（flavonol）	洋蔥中含量豐富，可幫助吸收槲黃素（quercetin），具防止動脈硬化的功能。
黃烷酮（flavonone）	柑橘類果實的果肉和纖維中含量頗豐，具有幫助維生素C吸收的作用。
葉黃素（lutein）	菠菜、甘藍中都有，有益眼睛健康。
茄紅素（lycopene）	番茄、西瓜的紅色成分。較成熟的果實效果更佳。
檸檬烯（limonene）	柑橘類果實中含有的香氣成分。除了預防癌症，還可改善新陳代謝。
β--葡聚糖（β-glucan）	菇類含有的多醣體，有提高免疫力的功效。
異硫代氰酸鹽（isothiocyanates）	存在於甘藍、花椰菜、蕪菁等淺色蔬菜中的含硫化合物。具殺菌作用，還可以抑制致癌物質的活性。

生 薑

生薑中的香氣成分薑醇、倍半帖類化合物，有助維持胃部健康、解毒、消臭、止咳、而且可緩和感冒的相關症狀。此外，生薑的辣味成分：生薑醇和薑烯酚，則有強力殺菌作用，還可藉由阻止前列腺素的合成來抑制發炎作用，並抑制癌細胞增殖。

大 蒜

大蒜含有的特殊香氣成分蒜素（又名大蒜素），可以提高血液功能、具消除疲勞功效、強力殺菌效果，削弱入侵體內之感冒等病毒的殺傷力。其他還含有增精素，可促進血液流動、活化細胞、強健身體、消除疲勞、解毒作用、幫助消化。除此之外，還會提高新陳代謝速率以避免脂肪累積，降低血液中膽固醇含量。

不要吃太飽，早餐斷食法

◉推薦給初試者的斷食

人類史上從來沒有出現過像現在這樣的過飽食時代。

許多人都吃太多了。睡醒吃早餐、中午吃午餐、下午3點吃點心、晚上吃晚餐和宵夜，然後一邊看電視和看書的時候，還會一邊吃零食。總是不斷在進食，內臟連一點休息的時間都沒有。50多年前，人們時常歷經戰爭和天災，總是處於飢餓，因此身體面臨肌餓會出現相對應的機制，會在基因裡累積營養或留下部分營養。然而，身體本身並沒有對應飽食的方法，所以就會導致形成肥胖、高脂血症、糖尿病、痛風和高血壓。

俗話說「吃八分飽不生病，吃十二分飽醫生不夠用」，意思是飽足感只要多出四分，就容易生病。換言之，1天的飲食只要減少3分之1的量，就不容易生病。

想要減少飲食，最適合在早餐實行。早餐的英文是breakfast，break的意思是不要，而fast是斷食的意思。也就是說，不要從前一天晚上開始斷食的意思。

「吸收會阻礙排泄作用」是身體自然的法則，腸胃在消化吸收的時候，體內的營養物和老舊廢物不能完全燃燒，所以無法將不好的東西排泄出來。然而在夜晚到早晨的這段期間，維持如同斷食般的狀態，是為了讓腸胃得到休息。睡覺的時候排泄機能可以充分回轉，會以口臭、眼屎、鼻水和濃尿的形式排出體外。這些都是體內營養物燃燒之後的產物。

早餐斷食以後，可以喝生薑紅茶和胡

蘿蔔蘋果汁，減少腸胃負擔，並且補充優良糖分。午餐吃固態食品，可以選擇調味佐料豐富且消化吸收良好的蕎麥麵，有助於提升體溫。晚餐以和食為主，也可以搭配適量的酒。

只斷食早餐1個禮拜之後，身體就能明顯感受到體重的變化與促進排泄的功效。若想要讓效果更好，可以挑戰半日斷食。早午餐用2根胡蘿蔔和1顆蘋果打成果汁喝；為了提高血糖值，午餐是用1根胡蘿蔔和2顆蘋果打成果汁，蘋果量多一點。晚上如果是吃白米飯，就繼續維持下去，如果是糙米飯，可以煮成1碗粥，搭配味噌湯1碗、醃梅和吻仔魚等等。在斷食期間，體內鹽分會減少，所以要注意補充鹽分。

■早上的斷食食譜

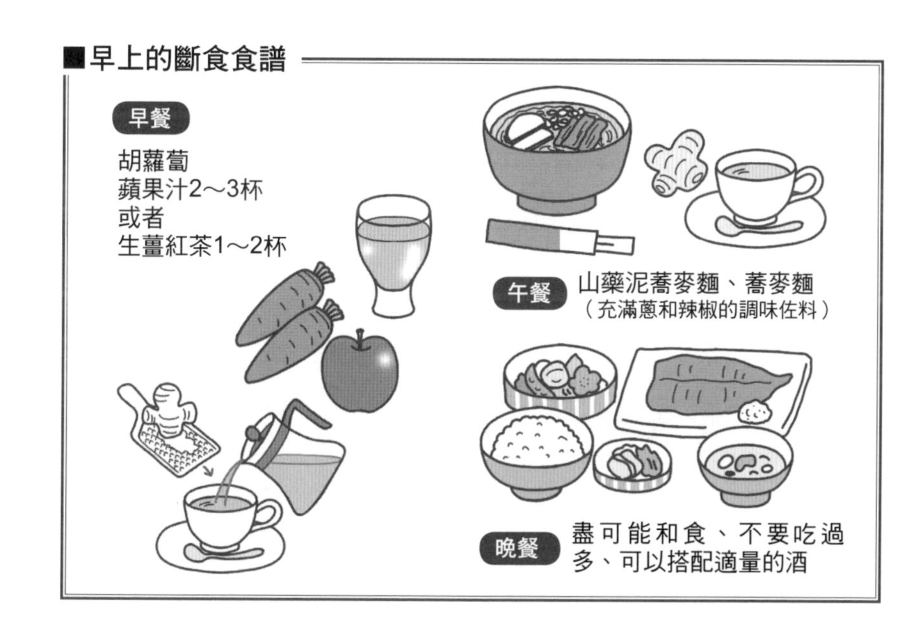

希波克拉底養生機構的斷食療法

◎在養生機構中進行斷食

想體驗半日斷食的人，我推薦實施真正的1日斷食，這個只需要在週末執行就可以了。想要改善體質的人，可進行3～10天，一般人很少會發生危險（低血糖狀態＝焦躁、不安、顫抖），但是要事先調查好有在實行斷食的機構，然後到那裡進行斷食計畫，不要自行實施。

持續斷食，會產生所謂的好轉反應（瞑眩反應），在自己身體弱的部位會感覺到痛、辣辣的，宛如出現生病的症狀。

斷食期間是在促進排泄期當中，所以要注意不要有便祕的情形。

如果感覺口渴或是有空腹感，可以喝生薑紅茶或花草茶等潤喉一下。

從斷食開始到排泄的巔峰大約是4天。尿液會變濃、產生口臭、舌苔的顏色也會變濃變厚、嘴巴裡面會感覺苦苦的。

因為有許多人居住在斷食機構，所以養生機構的空氣中會瀰漫著獨特的味道。在不怎麼進食的情況下可以促進排泄。

斷食期間會出現暈眩、蹣跚搖晃、手腳麻痺和心悸等低血糖的症狀，可以試著口含糖果，觀察一下身體狀況，如果持續這種症狀沒有改善，就要停止斷食並接受醫師的診斷。過去曾經罹患疾病與正在做治療的人，請一定要事先和醫生做諮詢。

■斷食保養設施　希波克拉底養生機構的一日菜單

AM8時

胡蘿蔔
蘋果汁3杯

AM10時

味噌湯
（沒有料的）

PM12時

胡蘿蔔
蘋果汁3杯

PM3時

生薑湯

PM5時

胡蘿蔔
蘋果汁3杯

- ●斷食3天～1個禮拜。
- ●斷食的時候，斷食中的治療比斷食後重要。
- ●斷時結束以後，到恢復正常飲食的期間稱為補食期間，理想的時間是和斷食所進行的天數差不多。例如補食的第1天喝米湯2次；第2天吃三分滿的粥2次、搭配醃梅和蘿蔔泥；第3天吃五分滿的粥2次，搭配醃梅、蘿蔔泥和只喝味噌湯的湯汁；第4天吃七分滿的粥2次，搭配醃梅、蘿蔔泥、味噌湯和納豆，慢慢增加飲食量。

胡蘿蔔湯的作法（12人份）

【材料】胡蘿蔔1kg（4～5根）／胡蘿蔔汁1.3L（15～18根）／
洋蔥150g（中型的1顆）

【作法】
用榨汁機榨出1.3L的胡蘿蔔汁，放入壓力鍋，再加入胡蘿蔔1kg和洋蔥。從壓力鍋的擺動回轉開始，開中火大約5分鐘之後，熄火讓它冷卻，全部一起直接用攪拌器攪打混合就完成了。

＊根據胡蘿蔔的大小不同，胡蘿蔔所需根數也不同。

糙米米湯的作法（12人份）

【材料】糙米1杯（200cc）／水10杯（2000cc）

【作法】
將洗好、瀝乾水分的糙米放進平底鍋，用小火慢慢烘焙到變成黃褐色、快燒焦的程度。在鍋子裡面，將烘焙好的糙米加入水，用中火煮30分鐘左右，水剩下一半的時候，關火冷卻。冷卻好了之後，用攪拌器攪拌，用篩子過濾即可。

＊在平底鍋下面敷著烤魚等用的網子烘焙，比較不會讓糙米燒焦。如果煮太久，加入水會爛爛的，所以可在沸騰之後再加入熱水用攪拌器攪拌。

◎生薑的保存方法

生薑最適合在常溫下保存。

如果把生薑放在冰箱中保存，生薑會變冷，力量會減弱。看起來濕濕的生薑，效果也會比較差。

放在冰箱裡保存，使用時要利用太陽光，在夏天須照射日光約40分鐘、冬天1小時左右，讓它乾燥。在太陽的藥浴下，能治療生薑的感冒，也會提高它的營養濃度。

有人會把生薑的皮剝掉再使用，然而生薑的營養就在皮的部位。生薑的皮和我們的皮膚一樣，都是細菌和異物入侵時，可以守衛身體遠離疾病的保護層，而且能讓營養不流失，所以要整個都使用。但要注意生薑分為谷中生薑（像蔥的日本薑，細小爽脆，辣勁十足）和嫩薑不同種類。

◎挑選優良食材的方法與調理方法

菠菜

菠菜所含的鐵質有大約70％在根的紅色部位，所以不要丟掉要拿來食用。選菠菜的時候，要選根尖端紅紅的、莖胖胖的、葉片厚、葉片呈現深綠色

善用「生薑力」的料理法

●感覺好像快要感冒的時候
要使用生薑。生薑含有辣味成分的生薑醇（gingerol），有促進血液循環的功用，所以能改善怕冷的体質。

●感冒發燒的時候
在70℃左右的熱水中，倒入榨好的生薑汁，飲用60℃左右。一口氣喝完之後就入睡。

●滋養強壯
事先將生薑切薄片，再用蜂蜜醃漬。生薑用蜂蜜醃漬之後不會氧化，可以加入60℃左右的熱水飲用。

●身體感覺會冷、低體溫和水分多的人
紅茶具有利尿作用，能促進發汗作用。用100℃的熱水沖泡生薑紅茶來飲用。

●有點感冒而且發冷的時候
在日常飲食的菜單中，最好有道生薑豬肉。豬肉富含維生素B_1，能強化皮膚黏膜，有助恢復疲勞。先切碎生薑，再用油炒過，豬肉炒熟後，再淋上薑汁、調味料後就完成了。

的比較好。葉片越深色，表示曬的太陽越多，所以會很甜，料理的時候就可以不用再添加糖或鹽。

南瓜

曬到太陽的上半部中間，顏色要接近橘色，皮要深綠色，蒸煮熱的時候甜度很高；朝向地面的部分，中間顏色很黃，皮也帶黃色，蒸煮之後會有一些黏糊糊的感覺。如果購買切開的南瓜，要選擇上半營養價值高的部位。

白蘿蔔

夏天的白蘿蔔性溫和，又具有保護胃的作用，不適合拿來熬煮。冬天的白蘿蔔仍然維持溫和性，熬煮時溫和的味道也會滲透進去。將白蘿蔔切成圓片，70％的營養成分都在雙重皮的外側上，所以削去薄薄的一層皮曬乾，就可以當蘿蔔乾吃了。

炒青菜

春天的青菜和秋天的青菜水分含量不同，秋天青菜含的水分比較少，適合和其他食物一起炒；如果要用煮的，要提早放入去煮。春天的青菜因為水分含量多，所以料理的時候最後再放進去就可以了。依照這種方式，春天和秋天青菜使用的調味料分量可以相同。

馬鈴薯

澱粉含量不多，容易煮。男爵芋（產於北海道的馬鈴薯）適合煮馬鈴薯燉肉，在熱呼呼的時候皮很容易剝開。澱粉質含量多，所以煮了不容易散開，可以加入咖哩和使用燉煮的方式。

■接觸空氣的時間與生薑醇含量的關係

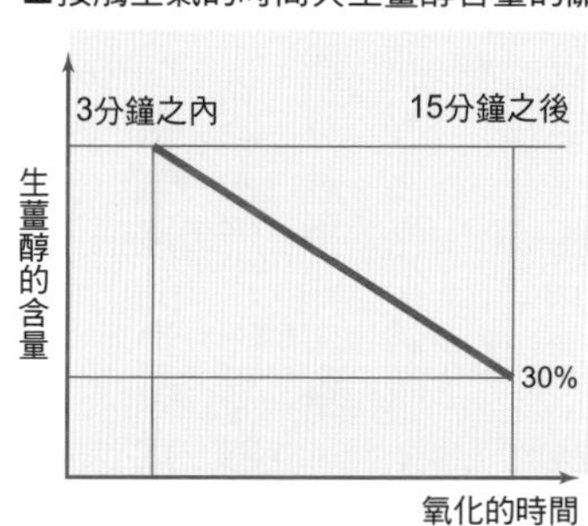

※經過3分鐘之後開始氧化，過了15分鐘之後，生薑醇的含量減少30%。

■溫度和生薑醇和薑烯酚的百分比變化

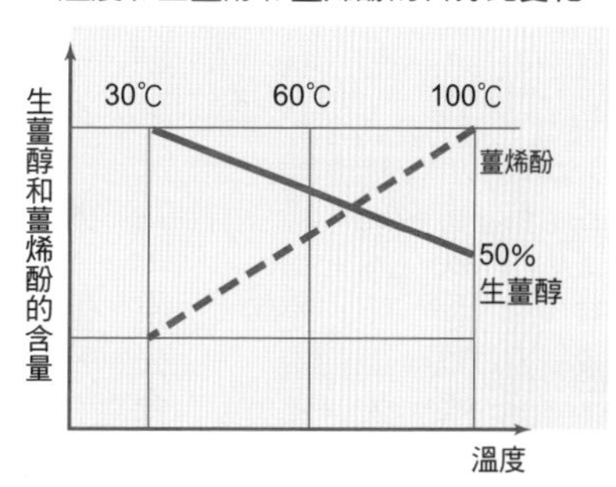

※超過30℃，生薑醇和薑烯酚開始產生變化，到了100℃百分比互換。

生薑加熱之後，薑烯酚成分會產生變化。薑烯酚具有殺菌作用，在100℃加熱之下，具有100分的力，用油炒過之後會變成180分的力，熱炒會提高生薑效力。
喝完生薑湯和生薑紅茶之後，大約15分鐘之內，為了不讓所攝取的成分快速排出，請不要攝取過多水分。磨碎的生薑容易氧化，所以要盡量在3分鐘之內使用。

吃糙米，細嚼慢嚥，分泌唾液

◉用餐時副交感神經占優勢，可以活用唾液

現代人的生活物資豐富，所以無論何時，只要是想要的東西，幾乎都可以隨手可得。雖然世界各地還有數十萬的兒童因飢餓而死，但是在富裕國家，每天都有數噸的食物被當成垃圾丟掉。

由此可見，我們確實是得天獨厚。但是由於只有在想吃某些食物時才吃那些食物，因此在這種「任性飲食」的時代，自然就造成異位性皮膚炎等過敏性病患大量增加。

想要恢復因飲食不當而被破壞的體內均衡狀態，可以多吃當地採收的季節性食物、現採現食的食物。與其食用含有糖、人工甘味料的食品，不如多吃有天然甜味、風味的食材。另外，選吃硬質的食物來取代柔軟食品也非常重要。

我個人曾經因憂鬱症而身體發冷，終日鬱鬱寡歡不知所措，後來就是因為改吃糙米而慢慢恢復健康，腸胃也獲得明顯的改善。

我早已經知道，糙米中含有的 γ 胺基丁酸可以解除壓力，促使腦部釋放出阿爾發（α）波，但是一直到親身體驗後，才深刻感受到，原來食物對身心的影響是如此深刻。

以下推薦一種糙米的吃法給寒冷症患者參考。在糙米中加入寒天粉末，混合均勻後，再加上葛粉炊煮後即可食用。

如果患者因為胃部虛弱，覺得糙米不容易消化，可以用發芽糙米、雜糧米等，以取代八成的白米即可。

用餐時，應該遵守八分飽的原則，細嚼慢嚥，以便善加利用唾液中的成分。

唾液可以洗去牙齒表面的細菌，唾液中的黏蛋白（mucin）可防止口乾舌燥、保護口腔黏膜，讓食物容易下嚥。

唾液中還有α澱粉酶（α-amylase），負責消化澱粉。抗發炎酵素（lysozyme）、硫氰酸（thiocyanic acid）離子、免疫球蛋白等抗體，則可破壞導致蛀牙發生的病菌。

除此之外，唾液還可以讓致癌物質無毒化，類唾腺荷爾蒙（Parotin）則可以常保青春。細嚼慢嚥可以讓唾液充分分泌。

唾液的分泌會因為壓力、緊張、年齡的增加而減少。然後就會引發蛀牙或牙周病，同時還會讓口臭惡化。

蛀牙和牙周病的惡化，其實都是在唾液分泌減少的睡眠期間持續進行，因此，請務必做好睡前的口腔保健。

唾液分泌量

1天約1,000～1,500ml
安靜時　每分鐘 0.3～0.4ml
刺激時　每分鐘 1～2ml

唾液的主要作用

●淨化作用　●殺菌作用
●消化作用　●磁物質離子化作用
●緩衝作用

三大唾液腺

耳下腺
顎下腺
舌下腺

活化唾液分泌的方法

養成多咀嚼的習慣、多交談、表情豐富化、不要累積壓力、充分補充水分、注意口腔保濕、從事緩和運動活化自律神經、確實刷牙。

日本自覺口乾舌燥的潛在口乾症患者，約在20～60歲之間，估計約有3,000萬人

●口乾症導致的疾病

舌痛症／味覺障礙／感冒等傳染病／口臭／胃炎、食道炎等消化器官疾病

●口乾症之原因

藥物副作用／壓力／更年期障礙／腎衰竭／乾燥症候群／休格蘭氏症候群（Sjogren syndrome）／糖尿病／肌力不足

◉糙米的煮法

大學時代我讀的是英文系，畢業後到美國學習延壽飲食法（macrobiotic），後來又取得了針灸師的資格，目前則正在鑽研父親福原醫師的自律神經免疫療法。

平常我推薦患者糙米粗食，我對食物所蘊藏的力量感到驚奇。比起其他治療方式，我覺得食物對健康的影響是最大的。容易生病的人，通常都有疏忽飲食的傾向，所以比較難以恢復健康。

食物其實懂得回應人類的心意。如果我們能抱持坦誠、感恩的心來調理食物，心懷感謝來食用，那麼我們吃下的食物不只會提供營養，也會給我們帶來更多的好處。

中醫理論認為，地球上的萬物，都可以和「金、木、水、火、土」五種元素相對應，這就是所謂的「五行說」。五種元素之間，有相生相剋的關係，可運用在身體和治療疾病。

我在烹調料理的時候使用過各式各樣的鍋具，令人覺得不可思議的是，若以五行論的角度來看，使用金或土製的器具（鐵鍋或陶鍋）來烹調，味道最讓我感到美味。一般人吃糙米飯時，大多是用電子鍋迅速料理而成。事實上，假如可以讓糙米在烹煮之前浸泡在水中，經過一晚的睡眠期，吸收夜間的「氣」，會變得更加美味。這個道理，可能和人體在夜間會釋放出成長荷爾蒙來修復身體一樣。

吃剩下的糙米可以包起來，暫時冷凍保存。重新加熱時，最好可以用蒸煮的方式。如果用微波爐加熱，溫度太高會破壞糙米中的生命能量，而且容易馬上變冷。此外，因為電磁波的作用，本來屬於陽性的食品，也會轉換成陰性，容易讓身體變得寒冷。

若使用鋁鍋，料理的食物進入鍋中加熱，容

易溶解產生鋁，而鋁元素往往就是造成阿茲海默症的原因。用鐵弗龍加工製成的鍋子，雖然有不沾鍋的好處，但具有加工化學物質的危險性。用切片器切蔬菜固然方便，但是如果用手拿著菜刀，一刀一刀細心地切，因含著愛心，吃起來就是別有一番滋味。

在幾乎全面數位化的現代生活中，人們的飲食還是可以回歸自然方式，我認為只要能發揮愛心，使用類比式（analog）的飲食料理方式也沒什麼不好。由於家庭全面電氣化，使用ＩＨ電子調理器材的家庭越來越多，但是傳統用火來料理食物，卻同時可以給人們溫暖，甚至有療癒的效果。若將電磁波的影響列入考慮，並不推薦使用ＩＨ電子調理器材。

由料理人親手烹調的食物中，我覺得具有來自料理人難以言喻的能量。

美味糙米飯的烹飪法

糙米放入鍋中，加入1.3～1.5倍的水，浸泡隔夜。使用鍋具以陶鍋、鐵鍋或壓力鍋為佳，重的鍋煮起來比較好吃。每0.2升的糙米中，可添加一小撮鹽，增加陽氣。依照身體狀態酌量增減。若不想讓糙米陽性過高，也可添加一小片昆布。寒冬時，可在烹煮前先加煮好的紅豆，酷暑時，則可添加薏苡，不用先浸泡。

糙米含有米糠（米的外殼還保留完整），和白米不同，不會進行氧化作用，是一種富含生命力的主食。所含植酸（phytic acid）有利於排泄有害物質。如果選購無農藥有機栽培的糙米，由於是吸收自然土氣而成，所擁有的生命力就更加豐富。食用時，會不知不覺增加咀嚼的次數。即使腸胃較弱的人，也可以食用少量的糙米來獲得豐富的生命力。

福田理惠

個人小檔案

1971年生。1994年畢業於日本成城大學文學院英文系。在地方電視台工作後，2005年在美國的久司機構（KUSHI institute：久司道夫所創立，為研究延壽飲食法之專門機構）學習延壽飲食法。目前擔任延壽飲食法的訓練師。2008年取得按摩、指壓的國家資格。

「專欄4　安保徹」

計劃性抗癌食物

已知對抗癌有效的蔬菜種類有40種，蔬菜和水果的消費量大幅增加。

所謂的計畫性食物研究計畫（designer foods project），是美國政府健康政策的一個環節，從1990年開始，由美國國立癌症研究所執行，主要目的是要用科學的角度，探討食物的抗癌效果。

由於這個計畫的執行，陸陸續續發表了各種具抗癌效果的蔬菜、水果、穀類、香辛料等植物性食物的相關研究報告。

目前已經確認，在植物性食物中，有40種食物具有抗氧化作用、抑制會傷害DNA的自由基作用等。依其重要性，可以金字塔型圖形加以區分。

拜此研究結果之賜，美國民眾的飲食習慣，開始轉變成以蔬菜和水果為主，癌症的罹患率與死亡率也有降低的趨勢。可說是美國建國以來，相當有意義的一個研究計畫。

高

重要度

大蒜、高麗菜、金針、大豆、生薑、胡蘿蔔、芹菜、防風草（歐洲蘿蔔）

洋蔥、茶、薑黃、糙米、全麥粉、亞麻、柑橘、檸檬、葡萄柚、番茄、茄子、青椒、青花菜、花椰菜、抱子甘藍

哈密瓜、羅勒、龍艾（Tarragon）、燕麥、薄荷、肉豆蔻(oregano)、黃瓜、百里香、細香蔥、迷迭香、鼠尾草、馬鈴薯、大麥、莓果類

※計劃性食物名單（具有抗癌可能性的食物）由美國國立癌症研究所發表

飲食可以強化免疫系統。最容易受飲食影響的就是白血球，增加白血球數便可提高免疫力，並且活化體內訊息、傳遞物質——白血球細胞生長激素（cytokines）的釋出。

蔬菜、水果 BEST 5

增加白血球數的蔬菜

❶大蒜 ❷紫蘇葉 ❸洋蔥 ❹生薑 ❺高麗菜

活化生長激素分泌能力的蔬菜

❶高麗菜 ❷茄子 ❸蘿蔔 ❹菠菜 ❺黃瓜

活化生長激素分泌能力的水果

❶香蕉 ❷西瓜 ❸鳳梨 ❹葡萄 ❺梨

第五章　運動和刺激

肌肉運動，
氣、血也會跟著動

疾病的治療法，

可以從經驗中發現，

當治療遇到困境，

就是健康改善的契機。

經由鼻子吸吐的腹式呼吸

安保 徹

208

◉緩緩吐氣的腹式呼吸

自律神經負責控制體溫、血壓、呼吸，雖然是在無意識間進行作用的神經系統，但卻很容易受心情和情緒的影響。

例如在別人面前說話時，常會因為緊張而出現脈搏加快、胸口緊繃、臉紅等反應。這是因為交感神經亢進，所以這時候的呼吸會比平常淺而急促。

相反地，情緒安定時，呼吸則會較深而和緩，此時則是副交感神經占優勢，身體也比較放鬆。

情緒、身體、呼吸三者之間關係密切，所以在自我意識控制的狀態下，緩和地深呼吸，就可以舒緩壓力，讓身心恢復正常狀態。

控制呼吸能讓身心健康的活動有瑜珈、太極拳、坐禪、氣功等。無論是哪一種活動，都要學習深呼吸，亦即呼吸要緩慢、深深地吐氣，吐出的氣要夠細、夠長，盡量使用腹式呼吸。

這種日常生活的呼吸法，主要藉由胸腔中肋間肌的運動來進行，和橫隔膜維持不動的胸式呼吸截然不同。

腹式呼吸在吸氣時肚子會膨脹起來，吐氣時肚子會再回復原狀。其實這是因為橫隔膜上下運動所造成，所以也被稱為橫隔膜呼吸。

由於是橫隔膜的上下運動，活動範圍比較廣，所以吸進身體的空氣量，可達胸式呼吸的3～5倍之多。腹腔內壓會瞬間上升，受到此一內壓變化的刺激，腸胃的機能就會變得更活躍，因此也能改善消化機能。

在其他方面，腹式呼吸還可以讓停滯

的血流順利流動，改善身體的寒冷症狀，比起胸式呼吸，腹式呼吸更能讓人神經安定，抑制血壓上升的效果也較佳。

腹肌用力的同時，將體內氣體慢慢吐出，以一定的韻律持續呼吸，此時腦內會合成名為血清素的荷爾蒙，它可以讓因壓力而疲憊的腦恢復元氣，進而活化腦部。另外，由於鍛鍊到腹肌，也可以同時預防產生腰痛。

呼吸法的進行，不限場所，也不費力，是一種每個人都可輕易讓副交感神經占優勢的放鬆法。

吸氣的時候，交感神經作用，吐氣的時候，又轉換回副交感神經（放鬆），像這樣，就可以讓自律神經系統自然進行切換作用。

試著感受吐氣的動作，慢慢從鼻子吐氣，把肺部內的空氣送到體外即可。只要能完全把氣吐出，即使沒有刻意吸氣，空氣也會自然而然從鼻子被吸進體內。

用口部呼吸，容易在吸氣的時候，一併吸入細菌、病毒，因此容易引發花粉症、蛀牙、顏面歪斜、呼吸中止症候群等

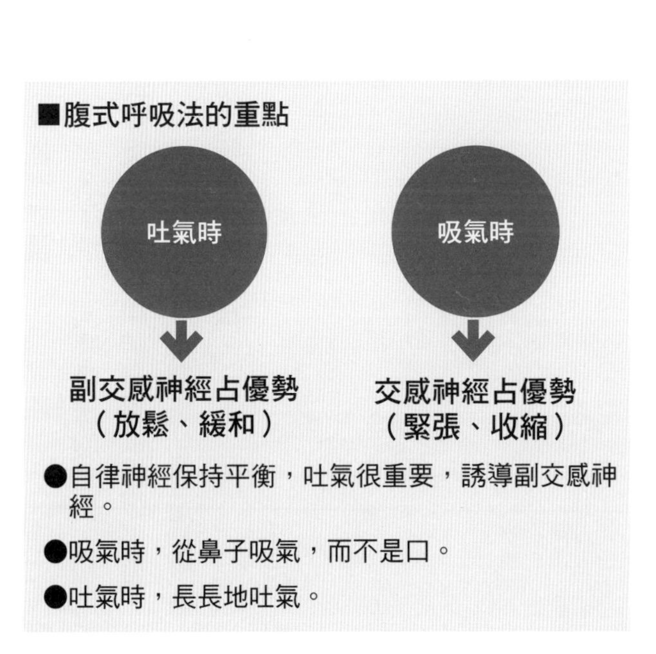

疾病。所以，請盡量經由鼻子來呼吸。

進行橫隔膜運動的腹式呼吸時，身體不能彎腰駝背，如果身體本來習慣前屈，請務必抬頭挺胸，再來做腹式呼吸。

無論是在捷運上、辦公室的椅子上、睡前仰躺在床上的時候，都可以訓練自己。剛開始進行時，也可以從又深又長的吐氣先開始練習。

在東洋醫學領域中，以貝原益軒之著作《養生訓》中所提到的「臍下丹田呼吸法」最有名。呼吸時如果能專注心力進行，會得到更好的效果。

假如沒有特別值得擔心的疾病，免疫力也沒有特別差，平時都可以同時進行腹式呼吸及胸式呼吸。遇到煩惱時，就可以多加利用腹式呼吸，以解除心中的煩憂；當需要特別努力，則可使用胸式呼吸，以快速補充能量。

試著了解不同呼吸法的差異，利用不同呼吸法，讓自律神經可以恢復平衡。

只要有機會，不管是站著還是坐著，請力行身體呼吸法。

■貝原益軒　《養生訓》（1713年）

氣，集於丹田。臍下三寸，為丹田之所在。腎間動氣，亦在此處。

難經有言：「臍下腎間動氣者，人之生命也，亦為十二經之本。」

人身之命根，匯集於此。養氣之術，必先正腰端坐，次將真氣集於丹田。呼吸安穩勿躁，行事時，胸中微氣，時刻緩吐為宜。氣，勿滯於胸，集於丹田。

若能依此而行，則人氣不亂、胸無掛礙、力遍周身。

〈解說〉

在肚臍下三寸的地方叫做丹田，有所謂腎臟的動氣處在這裡。《難經》這本醫經上寫著「臍下腎間動氣者，人之生命也，亦為十二經之本」。在這裡是所謂生命根本的集合。養氣之術常常要腰端正、集心氣於丹田、和緩地靜靜呼吸，有事的時候，從胸中輕輕吐氣，胸中不聚氣，必須氣集於丹田。這樣一來氣不升，胸不騷動，身體自然能養力。

參考文獻《養生訓的世界》（立川昭二、日本放送出版協會）/《口語 養生訓》（松宮光伸、日本評論社）

■丹田集氣的呼吸法

1 挺直背肌，集中精神，讓自己的頭頂彷彿要往天空伸展般。維持此一狀態，感受自己丹田的位置（肚臍下約9公分處，亦即臍下三指處）。

中醫認為，丹田是人體能量的來源，是「氣」集中的重要部位之一。所以首先要讓自己感覺到丹田的存在，自然放鬆。

2 從鼻子吸氣到不能再吸為止，讓吸入的氣先到頭部頂點，再將氣往丹田運移過去，想像氣在全身運行的模樣。然後緩緩吐氣，彷彿要把體內不好的東西全部吐出體外，持續吐氣。

吐氣時間要比吸氣時間來得長，如此可以延長副交感神經占優勢的時間，也可以提高放鬆效果。

肌肉所扮演的角色

石原結實

◉人體最大的發熱器

肌肉不僅有活動身體和拿重物的功能，還能扮演呼吸運動、腸胃消化運動、維持體溫、保護內臟、吸收來自外界的衝擊等各種角色。

其中最大的功效是維持體溫。

我們所吃食物中所含的碳水化合物和糖分，經過胃和腸消化分解成葡萄糖後，會從小腸進入血液中，再運送到全身各個部位。葡萄糖產生能量，能讓血液中的紅血球運送氧。

在利用能量的過程中，肌肉會產生熱，就能發揮維持體溫的功效。實際上，體溫有40％以上是由肌肉所產生的。

肌肉大約有200種，大大小小的數量加起來大約有650個，約占成年男性體重的45％，女性體重的36％左右。如果平常有在鍛鍊肌肉的人，肌肉大約占體重的50％以上；相反地，運動量不足和肥胖者，肌肉則占體重不到30％。

根據肌肉構造和不同的運作功能，可以分為骨骼肌、平滑肌和心肌三種。

一般所謂的肌肉，是指骨骼肌。骨骼肌在安靜時所產生的熱量，大約占全體熱量的22％，是產生最多體熱的地方。第二多的是肝臟，大約占20％，腦約占18％，而心臟占11％。一般而言，有在鍛鍊肌肉的人，在運動中產生的熱量，會上升到接近80％，所以運動肌肉和體溫上升有密切的關係。

運動肌肉的時候，體溫上升1℃，免疫力就會增加5～6倍之多。相反的，體溫只要下降1℃，免疫力就會下降高達30％以上。

因為寒冷而發抖的時候，肌肉會緊張而產生熱。這正是骨骼肌以不隨意運動產生熱，來保持體溫的防衛反應。

◎肌肉運動的時候才會分泌的物質

肌肉鍛鍊發達，可以負荷身體的活動，如果什麼都不做，肌肉就會衰退。

隨著年齡增長，背會漸漸彎曲，這就是肌肉衰退所演變成的體態。若因為生病或受傷導致肌肉長時間不運動，之後就會變得動不了。肌肉不但對身體很重要，而且也很容易衰退。

一般來說，即使只是從事休閒活動，也必然會鍛鍊到肌肉，而在運動過程中，

■熱的產生（安靜時）

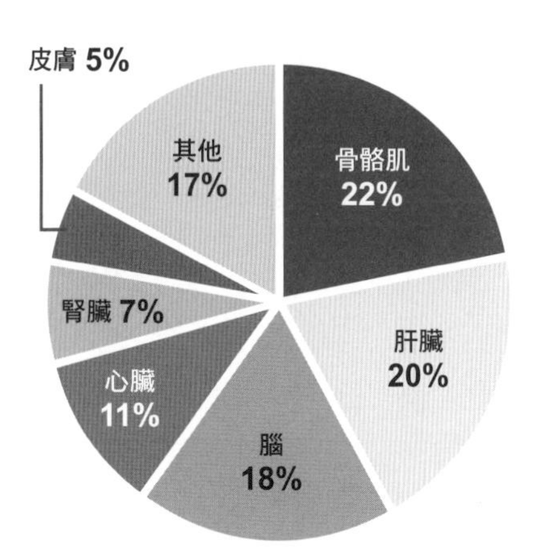

■根據構造和功能不同的肌肉種類

骨骼肌

連繫骨頭和骨頭之間的肌肉，肌肉收縮能使關節自由自在地運作。表面有橫紋，所以稱為橫紋肌，是可以按照自己意思而自由運作的隨意肌。是我們一般所稱的肌肉。

平滑肌

構成內臟的平滑肌，又稱為內臟肌，是無法按照自己意思自由運作或停止，所以稱為不隨意肌。形成血管、消化器官和泌尿器官等的肌肉，有讓腸胃運作和運送尿液等功用。

心　肌

只有心臟才有的肌肉，是製造心臟各個房室的牆壁。屬不隨意肌。

脂肪、神經細胞和血管等全身細胞和組織運作起來會產生大約30種物質。

這個物質是一種類似荷爾蒙的物質，只要微量就可以使免疫作用運作，是生理活性物質細胞激素（cytokine）的夥伴。

嚴格鍛鍊肌肉大約10分鐘，或是進行騎腳踏車等有氧運動1個小時左右，肌肉就會開始分泌這些物質。

分泌的細胞激素會促進脂肪分解，有助於減肥，能抑制腦神經細胞減少，可以預防老年癡呆症，也可以抑制動脈發炎與預防動脈硬化。

◉預防疾病所必須的肌肉

腸胃、胰臟、脾臟、膽囊、腎臟、子宮、卵巢等重要的內臟器官都收藏在肚子裡面。特別是在小腸黏膜，有可以聚集免疫細胞的沛氏層免疫細胞組織。

能夠保護這些內臟最重要的是腹部的肌肉，在我們的背後有脊椎骨，而腹部沒有骨頭，是藉由肌肉來保護腹部。若腹肌缺乏肌力，肚子會產生脂肪壓迫到內臟，導致內臟無法位於正常的位置，進而妨礙內臟的機能運作。內臟脂肪容易進入血管而引起內臟脂肪型肥胖的生活習慣病。

內臟肌肉無法以自己的意志來控制。

腹肌無力時，腹部的壓力會下降，胃會垂降到比正常位置低的地方，也就是胃下垂，腎臟往下移動、直腸脫落、脫肛、子宮下垂、子宮脫垂等症狀也是因為腹肌無力所引起。

臀部的肌肉下垂、臀部變小，是下半身的肌力無力，特別是腿的肌力無力。肌肉有70%在下半身，所以腿部的肌力衰弱是老化的成因。

中醫會讓病患仰躺著，然後用手掌在病患的肚臍由上到下，輪流按壓，進行腹診。按壓肚臍上面的時候，感覺比按壓肚臍下面更沒有抵抗力，而且若有壓扁的狀態，是屬於「臍下不仁」的「腎虛」症狀。腎虛是下半身血液循環不良，腎臟、腎上腺、泌尿器官、生殖器官等內臟的力量變弱，會使腰和腿產生發冷、浮腫、疼痛和麻痺的情形，還會導致頻尿等症狀。

光靠走路無法鍛鍊出肌肉。想要鍛鍊肌肉，需要在短時間內承受體重40％以上的負荷。

肌肉具有數百到數千條肌肉纖維，一條肌肉纖維的周圍分布著數百條微血管。腰和腿的肌肉無力，分布在肌肉上的微血管數量就會減少，在此流動的血液就無路可走，只好聚集在上半身，形成高血壓。鍛鍊下半身的肌肉，可以促進全身的血液循環、維持與增進健康，而且能改善疾病症狀。

血液循環的途徑

福田 稔

◎動脈與靜脈中血液的角色與循環方式

健康的一大祕訣，就是要維持血液循環暢通無阻。對全身細胞而言，血液扮演著輸送氧氣、養分與免疫細胞的角色，同時也負責回收二氧化碳與老舊廢物。

假如身體因為低體溫，導致血液流動受到阻滯，體內本來應該運輸的物質也會受到阻礙，全身的組織將會失去活力，老舊廢物也會停滯不動，免疫力更會下降，最終導致發生各種疾病。

人體內血管總長度約9萬公里，足以繞地球2圈，而血液就是在這麼長的血管內流動。

人體內的血液循環通路，大致可分為體循環與肺循環兩種。

所謂的體循環，是指血液從心臟送出，繞行全身一周，再回到心臟。帶有氧氣與養分的血液，靠著心臟的幫浦作用壓送到動脈，接著流到微血管內，用來提供給全身60兆個細胞使用。

另一方面，已經從細胞內回收二氧化碳及老舊廢物的血液，則是經由靜脈運回心臟。由心臟運出血液的動脈，因為分布在身體較深處，無法從皮膚表面看見。而將血液送回心臟的靜脈，則因分布在身體接近表面的地方，所以可以看到其青色外觀。

至於肺循環，則是指心臟與肺臟相連結的較短循環途徑。在肺循環中，連接心臟的肺動脈會供應氧氣給返回心臟的靜脈血，轉換成富含氧氣的動脈血，再經由肺動脈回流到心臟裡面。

血液在體內進行體循環和肺循環一周

所需時間，約為50秒左右，所以洗澡時間長，全身都會暖起來，正是因為溫暖的血流循環全身所致。

心臟在體內所扮演的角色，就是周而復始地進行收縮和鬆弛的動作，如幫浦般將血液推送到身體各個角落。當心臟收縮，將血液送出，此時加諸於血管的壓力就是最高血壓（收縮壓）；而當心臟鬆弛擴大，讓血液回流，此時之壓力則為最低血壓（舒張壓）。

舉例來說，當收縮壓為150毫米汞柱高（mmHg），表示此時血壓的力量可把水銀推到15公分的高度，如果是水，則可推到2公尺高。

從心臟強勁壓送到動脈中的血液，有賴於具彈性、厚度之大動脈的收縮和舒張動作，才有足夠力量，將血液經由微血管送至體內各角落的細胞內。

由於微血管的管壁很薄，大約只有

■靜脈與動脈

血　液	動　脈	靜　脈
運送物質	運送養分與氧氣	回收二氧化碳與老舊廢物
血　管	圓形、富有彈性、管壁厚	形狀略扁、彈性低、管壁薄
流動方式	血管中膜的平滑肌，與心臟同步進行收縮、鬆弛的動作，將血液壓送出去	心臟以上的部位，利用重力流動。心臟以下的部位，則利用骨骼肌的收縮和鬆弛，將血液往上推壓

■血液循環的結構

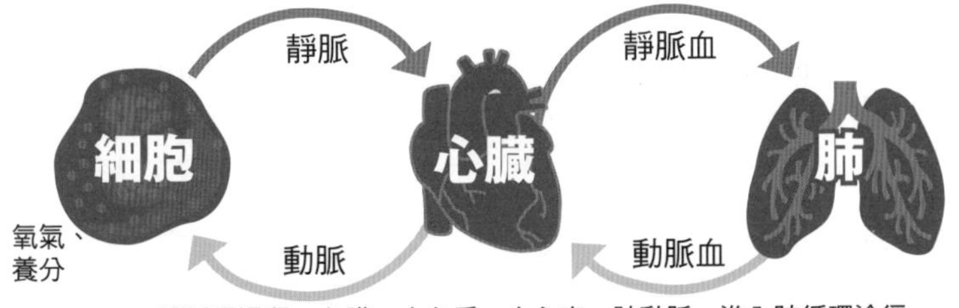

體循環過程→心臟→右心房、右心室→肺動脈→進入肺循環途徑
肺靜脈（新鮮的血液）→左心房、左心室→大動脈→進入體循環過程

0·01毫米以下，所以血液可以輕易地進入微血管，與個別細胞進行氧氣與二氧化碳、養分與老舊廢物的交換作用。

人體細胞為了要攫取氧氣和養分，會釋放出名為血管生成素（angiogenin）的物質，誘導微血管製造出新的血管。此外，人體肌肉也會盡其所能伸長血管，讓血管產生分支，以便連接細胞。

在靜脈血管部分，為了要讓血液順暢流回心臟，因此管壁較薄。同時，為了因應血管的收縮與鬆弛，靜脈各處有瓣膜形成，用來調節血液的流量，並且防止血液逆流。

心臟並沒有讓靜脈內血液回流、吸取血液的動力。人體上半身的血液，固然可以利用重力，順利回流到心臟內，但是，比心臟低的部分，則非得抵抗重力，讓血液回流到心臟不可。

靜脈分布在肌肉之中，要讓靜脈中的血液流動，可以藉助肌肉的力量。藉由靜脈周邊肌肉的收縮、鬆弛，可以如幫浦般對靜脈施壓，進而讓血液可以抵抗重力，往上回流到心臟。

肌肉像這樣在運動時壓迫靜脈，使血液流回心臟的作用，類似於擠牛乳時的狀況，故稱為「擠乳作用」（milking action）。

因此，人體下半身的肌肉一旦衰退，就會產生瘀血現象，使回流到心臟的血液減少。這樣一來，為了要讓這些少量血液能運送到全身，除了讓心肌更用力地進行收縮，提高血管壓力，別無它法。

由此可見，上了年紀的人，血壓之所以會與年齡俱增，就是因為隨著肌肉的衰退，血壓若不升高，就無法將血液送往全身。此外，由於血管硬化，要將血液送至末稍部位，也需要較高的血壓。其他原因還包括老舊廢物中氧化物的累積、顆粒球增多、交感神經緊張所造成的血管收縮等。

正因為高齡者的血壓偏高是自然現象，使用降血壓劑反而會讓血管進一步收縮，交感神經緊張狀態也會更嚴重。無論如何，身體自然都會提高血壓，努力想把血液送往末稍部位。

降壓利尿劑會使身體去除水分，服用這些藥劑之後，血壓雖然會順利下降，身體卻會產生脫水症狀，血液黏性增加，所以自然會讓血液變得黏稠。如此一來，身體會想辦法讓黏稠的血液能順利流動，結果就會導致交感神經緊張。

交感神經緊張，血管也會跟著緊張起來，血流狀態自然惡化。一旦血管變細，就會引發腦血栓或心肌梗塞。

對血液流量不足相當敏感的器官，像眼睛、腦部、腎臟等，千萬不能受到傷害。舉凡因為水分不足引起循環障礙、血壓上升導致青光眼或白內障、血液過濾或尿液產生失常引發腎衰竭等，都是常見的嚴重傷害。

因接受降血壓的治療，反而讓病患必須洗腎、引發眼睛疾病的病例，不可勝數。腦部血液不足，導致失智症狀提早出現的例子，也屢見不鮮。

總而言之，盡量避免體溫偏低，多鍛鍊下半身肌肉，讓血液運行順暢，是非常重要的事。

利用抹布打掃來鍛鍊上半身

◎利用抹布來鍛鍊會使身心都暢快

日常生活中幾乎沒有都不運動的人，身體內擔任發熱角色的肌肉衰退，會因而形成低體溫的體質。這樣不單是免疫力，肌肉、骨頭，整個身體的機能都會衰退。

如果繼續做些年輕時候做的激烈運動，會使交感神經持續緊張，導致身體製造出大量的自由基，進而影響身體健康。像是跳繩之類刺激骨骼的運動，也會降低免疫力。

適度的動才是所謂的運動，所以我們應該要養成每天持續運動的習慣。運動過後產生不自主地流汗，可以達到讓自己身體放鬆的功效。

現代生活相當便利，少有機會運動到身體。例如在外面，我們常會利用電梯、手扶梯和汽車，所以沒什麼機會走路。

在家中，因為電器用品相當進化，所以我們會利用吸塵器和洗衣機等來幫我們做家事，也會用洗碗機洗碗，再加上微波爐的普及，大家站在廚房裡的時間就變少了。當開發出能輕鬆站著打掃地板的用具，就越來越少看到還有人會跪著用抹布擦地板了。

其實我自己每天早上，為了鍛鍊上半身，總是在家人起床之前在廚房用抹布擦地板。請大家不要誤會我的意思，絕對不是因為我的家人沒有好好打掃，只因為我想瞞著家人，偷偷利用抹布打掃來鍛鍊自己的上半身。

擰乾抹布時手腕也會用力，利用抹布

擦地板的姿勢，對鍛鍊腹部和背部肌肉會產生很大的效果。

不管在多狹小的地方，只要手能伸直的範圍就可以進行。利用抹布擦地板會產生許多種動作，手腕的動作會刺激到伴隨在骨頭周圍的小肌肉。認真擦地板也會消耗掉熱量。一早起床就用抹布擦地板會刺激交感神經，不光能讓自己的身體做好一天活動的準備，還會因為把地板擦乾淨之後所帶來的好心情，讓整個身心都暢快無比。雖然只是花一點點工夫在抹布打掃上面，但是對於鍛鍊雙手和腰部卻有很大的成果。

雖然我們身處的時代相當便利，但是我們也可以用健康的方式來打掃。

■**利用抹布可以鍛鍊腰部線條！**（目標是5次）

維持雙膝著地的狀態，左右擺動身體用抹布擦地。

1 首先，拿著抹布跪坐地板上，然後膝蓋緊貼地面，雙手同時放在抹布上面，讓自己盡可能遠一點。

2 手腕要伸直，然後往右前方伸出去再拉回來、往左前方伸出去再拉回來。正面不需要伸出去，只要左右方向如同做扭擺的動作就好。這個時候，就可以感覺鍛鍊到腰腹部了。

陽光的刺激會增進健康

◉早起跟著廣播做體操是國民健康運動

我們常說「早起的鳥兒有蟲吃」，就是在說太陽的光線具有許多健康功效。以前的人都非常感謝太陽的恩惠。

隨著年齡增長，體內生理時鐘平衡崩解，造成無法熟睡，因而逐漸形成失眠等睡眠問題。早上最棒的事就是沐浴在陽光之下，這樣做可以恢復我們的生理時鐘，促進調節睡眠循環的褪黑激素（melatonin）分泌，使我們變得容易入睡、獲得充足的睡眠。

沐浴在朝陽下，可以將我們的自律神經調整回平衡的狀態。

此外，人體幾乎無法自行製造出所有的維生素，可是只要沐浴在陽光下，像是體內的膽固醇就可以生成維生素D。維生素D可以幫助人體吸收鈣質、保護骨骼和牙齒的健康、預防骨折和跌倒、調整肌肉收縮和放鬆的速度。

其他像是在有陽光的地方或去曬太陽時，會感覺身體由裡而外整個溫暖起來，這就是陽光的遠紅外線功效。身體溫暖了，就會刺激、活化粒線體。

臭氧層被破壞造成紫外線的量明顯增加，所以如果長時間曝曬在強烈陽光的紫外線之下，也會使肌膚受到不好的影響。所謂的「光老化」現象，就是指受到紫外線的照射，導致皮膚的膠原蛋白（collagen）遭受破壞，這就是產生老人斑和皺紋的原因，同時也是導致皮膚癌和白內障的因素。因此，從一九九八年開始，日本新生兒的母子手冊中就刪除了日光浴這一項，改取代為「外氣浴」（把嬰兒帶到戶外，接觸外面的空氣）。

小學的時候，一邊沐浴在晨光下，一邊跟著廣播做體操，其實具有很深遠的意味。清晨時，盡早將血液運往身體各個部位，整個身體容易活動起來，能讓因為暑假而怠惰的身體，不再處於副交感神經占優勢的生活模式，讓身體產生團體活動的集體意識，所以我相當佩服這種國民運動。這說不定就是為什麼以前的小孩很少引發問題的原因。

現在我自己依然每天持續跟著廣播做體操，除了前後左右搖擺頭、上半身和腰，還會把手舉高晃動。

太陽的光線會讓心情舒暢、身體溫暖，可以達到各種健康效果。

自古以來，人們會對著元旦的日出（在日本稱為御來光）合掌，認為太陽是神祕的大自然力量。對人體而言，正常的生命節奏應該是日出而作、日落而息，遵照這種自然節奏身體才會健康。

運用石原式3分鐘暖身體操來鍛鍊下半身

◎3分鐘有效鍛鍊肌肉的體操

1、強化骨骼的火鶴體操（2分鐘）

經過證實發現，可以維持單腳站立時間比較長的人，比較不容易跌倒或骨折。

單腳站立不需要寬敞的場所就可以做，而且能在非常短的時間內促進骨骼的形成，頗有運動效果。如果可以持續訓練下去，也可以預防骨質疏鬆症。

昭和大學骨科的阪本桂造教授，將1分鐘的張眼單腳站立命名為，「動態火鶴療法」（Dynamic flamingo），長年以來都會指導病患做這個體操。阪本教授認為「只要左右腳個別單腳站立1分鐘，對腿骨的負擔大約和走路1個小時相同。在預防骨質疏鬆症和因跌倒而骨折上，是個非常適合的運動」。

實際上，1天3次持續做1分鐘單腳站立，3個月之後，有60％以上的人大腿連接處的骨頭密度都提升了。

另外，以40～80歲的女性100人為對象，將其分為兩組，一組實行左右腳各1分鐘，1天3次單腳站立，另一組什麼也不做，6個月後試著比較兩組結果。發現實行單腳站立組，可以維持單腳站立的時間平均是65秒，而沒有實行單腳站立組，能夠維持單腳站立的時間平均為34秒。報告中還指出，沒有實行單腳站立組，跌倒的次數比實行單腳站立組多達3倍以上。而且不光是骨頭，股關節、腰背周邊的肌肉也都鍛鍊到了，還有許多人反應說股關節疼痛、背痛和腰痛的症狀也有所改善。

火鶴體操

為沒有時間和場地的人所發明的，強化骨骼火鶴體操
利用單腳1分鐘、兩腳2分鐘，達到如同走路53分鐘的相同負荷量！

腿往上抬高，鍛鍊大腿等的肌肉效果會更好。但是高齡者不容易維持平衡，所以可以讓高齡者提腳往前踏出一步，不落地維持離地5公分即可。

在進行單腳站立的時候，注意不要跌倒。在不滑的地板上，剛開始可以單手扶著牆壁和椅子等來進行。

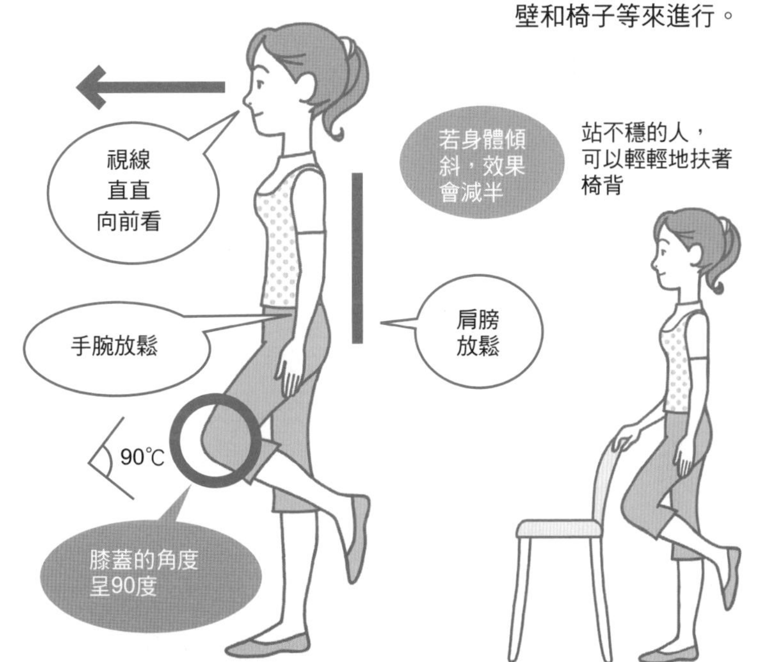

2分鐘

根據日本厚生勞動省的長期計畫「健康日本21」指出，75歲以上能夠單腳站立超過20秒的人，現在男性只占38.9%、女性只占21.2%而已。在相同的計畫中，為了防止臥床不起的高齡者人數增加，到2010年就將目標數值提高到男性60%、女性50%以上。

2、強化肌肉的等長收縮運動（isometric）（1分鐘）

不願意參加運動俱樂部和體育館的人，和雖然買了健身器材卻沒有持續使用的人，我特別推薦只要花少許時間而且簡單就能刺激肌肉的「等長收縮運動訓練」。

這個訓練是從一九七〇年代，德國的生理學者確立了訓練理論開始，所衍生出來的訓練方法。

Iso意味著「相等」，而metric是指「長度」，也稱為定肌收縮。肌肉的長度不變，發揮力氣使它收縮時，因為力量持續的時間很長，所以適合運用來減肥。

等長收縮運動是不改變關節的位置，卻可以發揮力氣的運動，所以即使在擁擠的捷運或公車裡、有經濟艙症候群的飛機裡等有限的空間裡都能進行。

手握啞鈴做屈伸運動，一直都是鍛鍊肌肉的方式，而所謂的向心性收縮（concentric）是縮短性收縮，是肌肉一邊收縮，一邊發揮力氣的模式。

向心性收縮會因為運動的速度增加負荷，而容易導致肌肉和肌腱等受傷，但是做等長收縮運動，就不用擔心運動的速度，而且效果也很好，可以安全訓練。

重點是一邊意識到要鍛鍊的部位肌肉，一邊進行推拉的運動。一個動作做7～10秒左右，讓自己的力氣可以用到60％以上。肌肉在開始用力的5～6秒時，可以達到最大的肌力，然後持續幾秒鐘後，肌力就會跟著提升。訓練的時候，一定要配合呼吸、集中精神。

◉下半身的肌肉不足是疾病形成的原因

形成高血壓的原因有很多，腿部和腰部的肌肉不足的話，沿著肌肉而走的微血管血液，就會因為沒有地方可以流過去，

1

拉緊手腕、胸部、背部和腹部，強化上半身的肌肉

在胸前扣緊兩手的手指，往左右兩邊拉。這個時候的訣竅是手腕一定要打直。

先意識到要鍛鍊哪個部位的肌肉，然後再提升那個部位的肌力，效果會更好。

短時間內就能夠享受和肌肉的交流時間。

坐在椅子上的時候，要坐前面一點來做運動。

2

拉緊頸部、背肌和腹部的效果

兩手手指扣緊放在頭後面，用力往左右兩邊拉。

為了不讓身體往前倒，正確的姿勢是臉不要朝下。

接下來的3種運動（3、4、5）都要維持相同的姿勢來進行。

3 鍛鍊腹部、拉緊腰圍的效果

兩手手指扣緊放在頭後面，維持站立的姿勢，然後腹部要用力。

先意識到要鍛鍊哪個部位的肌肉，然後提升那個部位的肌力，效果會更好。

4

鍛鍊腹部、大腿和下肢的肌肉，緊縮腰圍、臀部和腿肚的效果

兩手的手指扣緊放在頭後，維持站立的姿勢，雙腳都要用力。

坐在椅子上的時候要坐前面一點，兩手抱緊單腳的末端，用力將身體往回拉，腳則要用力將兩手往外推。

7秒

拉緊大腿和臀部，強化整個下半身的肌肉

兩手交叉放在頭後面站立。維持背肌伸直與張開胸口的姿勢，張開胸口時一邊吸氣，一邊保持屈膝的姿勢。在感到費力之前稍微靜止，然後一邊吐氣一邊慢慢伸直膝蓋回復站姿。

拉緊下肢的肌肉

站立的時候，將腳尖墊起來，用力維持這個姿勢。有促進腿部血液循環、消除腿肚浮腫的功效。

用力之前，先從鼻子吸氣、嘴巴吐氣。伸直肌肉的時候吸氣，縮回肌肉的時候吐氣。

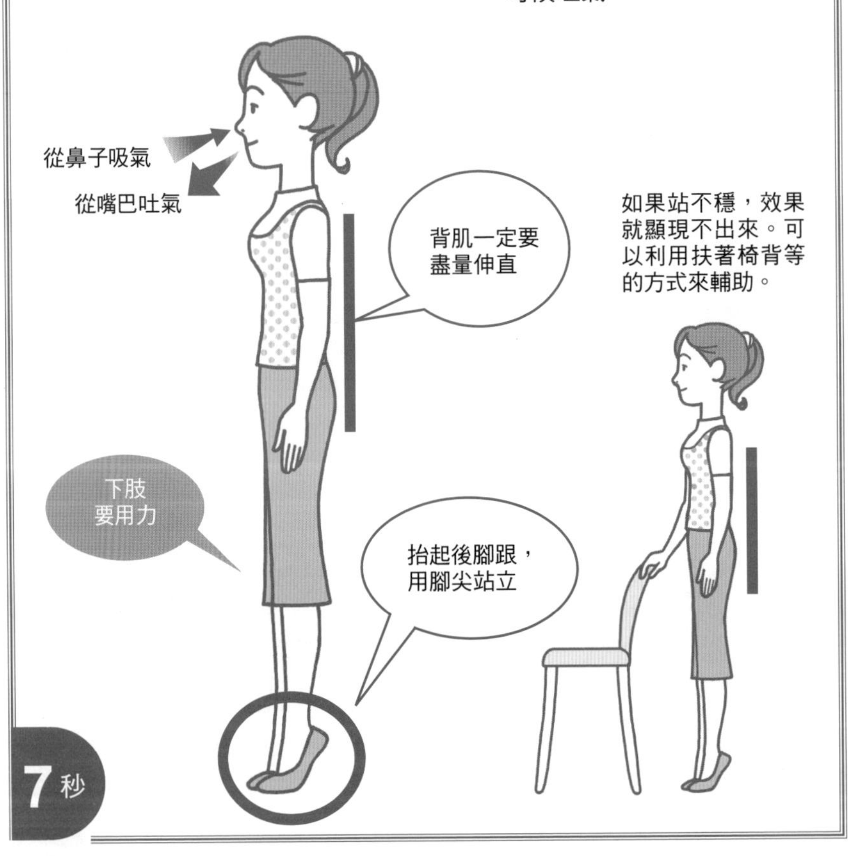

而聚集到上半身去。

深蹲可以鍛鍊下半身、增加微血管、促進全身血液循環，並能將上半身聚集過多的血液，藉由循環作用運往下半身。

一邊吸氣一邊慢慢地下蹲，然後再一邊吐氣一邊慢慢地站起來。每1回做5～10次，中間休息1分鐘之後，再重複做5回。不要太過勉強地做，要注意不要造成肌肉痠痛。

深蹲

被稱為「下半身運動之王」的基本運動。蹲下意思的蹲舉，是保持上半身伸直的姿勢，然後膝蓋進行彎曲和伸直。

1 兩手交叉放在頭後面，雙腳打開與肩膀同寬，盡量伸直背肌。

2 維持背肌伸直的姿勢，一邊吸氣一邊慢慢屈膝，直到大腿的水平線和地面的水平線平行，如果可以，盡量維持這個姿勢1秒鐘，然後一邊吐氣一邊伸直膝蓋，最後回復挺直的站姿。

福田稔

用乾布的摩擦刺激來調整平衡

◉提高身體免疫力，預防疾病

乾布摩擦是指，直接用乾毛巾等在身體上進行摩擦的一種健康法。以往在幼稚園和托兒所中都鼓勵用這種方法來預防孩童感冒，這是一種任何人都會做而且有效的健康法。

用乾布摩擦身體時，會增強皮膚的體溫調節機能，讓皮膚的血液循環變好，更能刺激身體的循環機能。此外，因為要打赤膊進行乾布摩擦，所以必然會接受外氣浴，因此還能增強皮膚對寒冷的抵抗力。

乾布摩擦不需要使用特別的工具，最好是用絲織品。絲綢是最接近皮膚的一種纖維，含有蛋白質胺基酸。這種胺基酸中含有能保濕肌膚的成分，因為具有排除毛孔內老舊廢物的效果，所以會使肌膚變得更加光滑。也有許多人為了增加刺激，會改成使用刷子來摩擦。

摩擦的祕訣是給予身體疼痛般的刺激。刺激會對失衡的自律神經產生影響，促使自律神經回復平衡。主要對於呼吸系統具有療效。交感神經占優勢的人，可以鬆弛血管、改善血液循環。相反地，副交感神經占優勢的人，則會收縮血管，進而調整血液循環。

乾布摩擦的刺激分為，將刺激傳達給位於該部位穴道的感覺神經分支，該分支再將刺激傳達給更細小的神經分支的「軸索反射」；以及讓全身汗腺發汗的內臟反射（針灸治療的功效之一）。

一開始進行乾布摩擦的時候，要給予

身體溫和、和緩的刺激，無論任何時候、即使在室內也可以進行，首先以摩擦全身20分鐘為目標開始進行。

我每天早上起床都會做輕鬆的體操，並同時配合做乾布摩擦。

比較每天進行乾布摩擦的組別和沒有進行乾布摩擦的組別，會發現進行乾布摩擦的組別，感冒的機率和罹患濕疹等疾病的機率，明顯比沒有進行乾布摩擦的組別少。從罹患支氣管氣喘的孩童的比較調查報告中也看出，進行乾布摩擦的組別發作的機率也明顯減少了。

用乾布摩擦嬰幼兒的時候，1次大約數分鐘左右，使用手或柔軟的布在嬰幼兒的手腳、胸部以及背部等等地方摩擦。幼兒採用上半身赤裸的方式，用乾布搓揉全身。小學以上的孩童，要教導他們早上起床的時候和晚上洗澡之前身體赤裸的時候，用乾布摩擦自己的胸部、背部和腹部等地方。

清潔皮膚不但會使自己變美麗，也會因為運動到手臂而消耗掉熱量，使體脂肪減少，就會產生提振身體健康的功效。我也推薦中高齡人士使用乾布摩擦，因為乾布摩擦可以提高身體的抵抗力，進而達到預防疾病的效果。

福田 稔

一天2分鐘，在家也能做的指頭按摩療法

◉刺激五指，即可改善白血球的平衡

指甲生長出來的交界處，是屬於神經纖維密集、感受性高的部位。每天持續進行指頭按摩療法，可以讓偏交感神經運作的自律神經系統，轉變成讓副交感神經運作，同時增加淋巴球數量，恢復免疫力。

想要治癒病痛，很重要的是，病患要能持之以恆地進行自我治療。其實不管有沒有生病，只要進行血液檢查（白血球分類計數檢查），再依照檢查結果實行應採取的方法，就可以做好健康管理。

進行指頭按摩療法時，要刺激的部位是全部的手指頭。不同手指的指甲生長區，各自有其對應的內臟與神經。針對不同症狀來刺激相對應的指頭，可以讓副交感神經產生反射作用，進而引起各式各樣的變化。

刺激指甲生長區，可以啟動內臟、內分泌系統作用，改善血液流動狀態，進而恢復免疫系統的均衡。

當初我之所以會想到指頭按摩療法，是因為許多疾病都是因交感神經過度緊張所引起；只要不刺激無名指，就有助解除交感神經緊張。因此，我才會開始思考指頭按摩療法的可行性。

後來，根據新瀉大學醫學研究所免疫學研究室渡邊醫師的研究，無論是交感神經占優勢的人，或是副交感神經占優勢的人，刺激全部手指的指頭，都可以輕易恢復白血球的平衡。

此一研究，是針對志願受試者進行4

週不同的指頭按摩，再調查其白血球的分析數據。受試者分為只刺激除無名指以外4根手指頭、只刺激無名指的指頭、刺激全部手指頭等三組，用來探討其有效性。

結果顯示，只刺激無名指，淋巴球的比例及總數都會減少，免疫力也會下降。刺激4根手指頭者，淋巴球的比例和總數都會增加，免疫力也會上升，甚至有些人的淋巴球比例會超過45％。

若刺激全部手指頭，雖然淋巴球的比例下降，但是淋巴球數量卻可以恢復到正常數值。由此可見，指頭按摩療法可以改善白血球的平衡，同時大幅增加白血球與淋巴球的數量。

換句話說，我認為應該要按摩所有指頭，效果才會更明顯。

■指頭按摩的研究數據

	刺激無名指以外4指的指頭（9例）	刺激無名指（10例）	刺激5根手指頭（12例）
白血球數量（個／mm³）	5500→5900	5600→6200	4444→6515
顆粒球（％）	54.5→52.1	51.9→58.9	55.5→57.9
淋巴球（％）	35.7→39.5	37.3→32.9	42.8→39.8
淋巴球數量（個／mm³）	1963→2330	2089→2040	1920→2579

刺激全部5根手指頭者，可輕易恢復白血球的平衡。要彰顯效果，最重要的是，要隨時抱持想要自我治療的信念，每天都不能忘記，要持續進行。雖然並非一蹴可幾，但是效果確實會不斷提升。

福田稔

按摩髮旋中心點，短時間可使氣血恢復暢通

◎髮旋中心點是讓全身氣血暢通的重點部位

為了可以確切感受到頭涼腳熱，所以我開始研究新的治療方法。大多數患者的頭部會有瘀血的現象，如果想讓瘀血狀態的頭部血流恢復正常，如何把寒冷的足部變暖，轉換成頭涼腳熱的狀態，就是最重要的關鍵。

在治療病患的過程中，我發現如果從百會穴到手腳末端進行治療，可以輕易去除瘀血。而重點就是髮旋中心點。

在百會穴周邊，以放射狀尋找，可以摸到一塊直徑小於1公分的凹陷，這就是髮旋中心點的位置。以這點為中心，向四周放射狀散開摸索，可以發現一直以來被認為較重要的通氣要穴，如太陽穴，都與其相連接。

我的經驗是，患者頭部覺得氣血暢通的點，並非百會穴，而是髮旋中心點。

自從我將治療重點改成髮旋中心後，在讓病患早期康復上，獲得到前所未有的良好成效。

所謂髮旋中心點的按摩治療法，是指以髮旋中心點為起點，往後頭部與頸部循著6條路線，採用手指刺激的健康法。而在這6條路線上按摩時覺得特別痛的點，更要予以集中按摩治療。

用手指在頭頂的頭皮上摸索，若摸到直徑約1公分左右的凹陷處，就是髮旋的中心點。如果摸到的凹陷不只一處，那就可以將最大、壓下去覺得最痛的凹陷視為髮旋的中心點。

如附圖中所示，從A路線到C路線，由上往下，每次按摩時稍微挪動一下位置，進行2回合的按摩。由於感到特別痛的位置，就是血液滯留的地方，所以要特別集中按摩這些點。大約按壓5次即可。以手指用力按摩，或是輕鬆按摩均可。

雖然按摩髮旋中心點可以改善血流狀態，讓頭部舒暢，但有時會讓原先滯留在頭部的血液，變成停滯在頸部和肩膀部位，造成疼痛與僵硬感。此時請針對頸部和肩膀實施乾布摩擦法，讓停滯在頸部和肩膀的血液可以向下流動。

■髮旋中心點一帶的按摩法

髮旋中心點位於頭頂，直徑小於1公分。由於其確切位置因人而異，所以可以用指尖觸摸頭皮，在頭頂部位前後左右找尋。

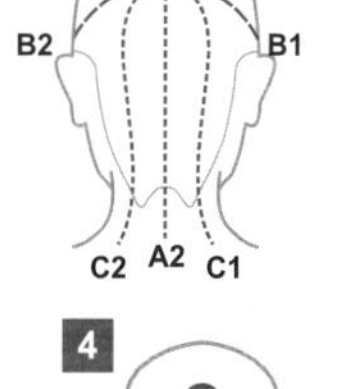

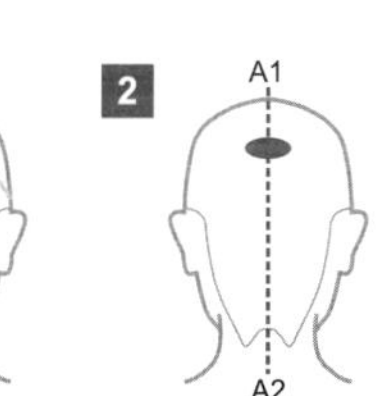

1 用雙手的食指、中指指腹壓住髮旋中心點，以報數1、2、3……的方式，有節奏地按摩20次。

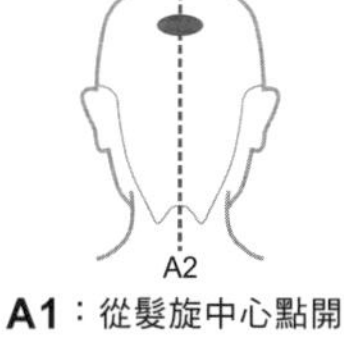

2 **A1**：從髮旋中心點開始，經過髮際中心、眉間、鼻梁、嘴唇中心，到下顎根部為止。
A2：從髮旋中心點開始，沿後頭部中央往下按摩，直到脖子根部中央為止。

3 **B1**：從髮旋中心點開始，循臉部右面往下按摩，經右太陽穴到顎關節根部為止。
B2：從髮旋中心點開始，循臉部左面往下按摩，經左太陽穴到顎關節根部為止。

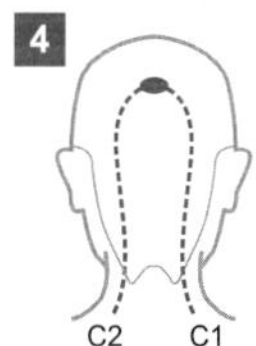

4 **C1**：從髮旋中心點開始，經後頭部右邊凹陷處之中心，到脖子根部為止。
C2：從髮旋中心點開始，經後頭部左邊凹陷處之中心，到脖子根部為止。

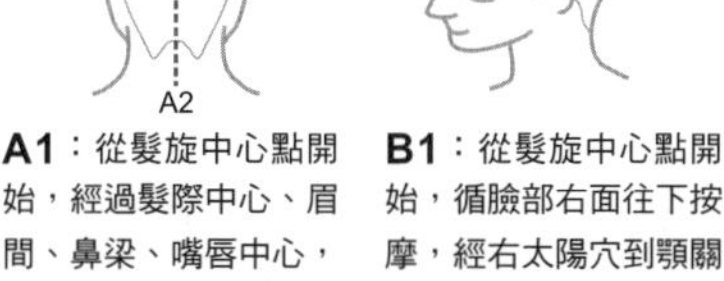

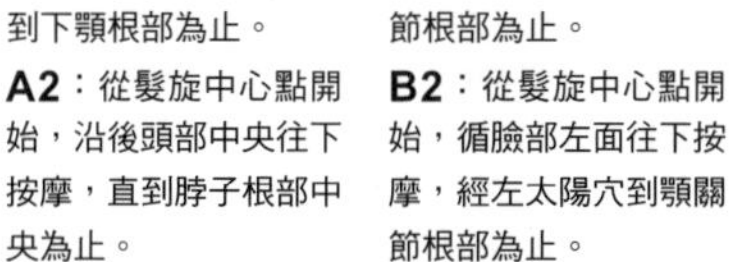

髮旋中心點按摩法可以用單手操作，我建議A1及A2路線可以用雙手，B1用右手，B2用左手，C1用右手，C2用左手，這樣一來，可以同時進行兩條路線。

人人都能學會的仙骨幸福區按摩法

◉洗完澡、睡覺前的按摩

如前文所說，仙人穴是神聖的部位，非專業人士不要隨便碰觸。

話雖如此，若是仙骨的背側，就是人人都可以安心進行健康按摩法的區塊。在此為各位讀者介紹在家中也能輕鬆進行的按摩法。

只要從腰部往臀部，沿著仙骨由上往下按摩，就可以改善血流狀況，對身心健康有很大的益處。

洗完澡，要上床睡覺之前，穿著睡衣按摩，就可以更加放輕鬆。

人體在入夜後，副交感神經會占優勢，即使只是動一動幾乎與仙骨位置相重疊的幸福區，也能讓人輕鬆入眠。

許多人都跟我表示，在做過幸福區按摩後，會讓人有返老還童的感覺，例如「精力充沛」、「一起床就彷彿重生一般」、「皮膚變漂亮了」。

按摩的方法非常簡單。

按摩時請用除了大拇指、小指以外的三隻手指，和乾布摩擦的要領一樣，用指腹從骨盤開始往尾椎骨方向漸次進行按摩刺激。

不用太在意一些細微的位置。

此外，用單手或雙手皆可。

股溝開始的地方，就是仙骨和腰椎骨的接續處。按摩的重點，是從股溝到尾椎骨之間張開的骨盤兩側，沿著周邊按摩。如此可將骨頭周圍的血液推送向下流動。

在按壓途中，如果發現手指所按之

處，有過度緊張僵硬的狀況，請務必不斷提醒自己，再多放鬆一些。

每天就寢前，進行這樣的幸福區按摩，反覆進行5次，一定可以感覺到從臀部傳來的幸福感。夫妻若能一起彼此用這個按摩法按摩，也一定可以更加健康。

■仙骨幸福區按摩法

幸福區的位置

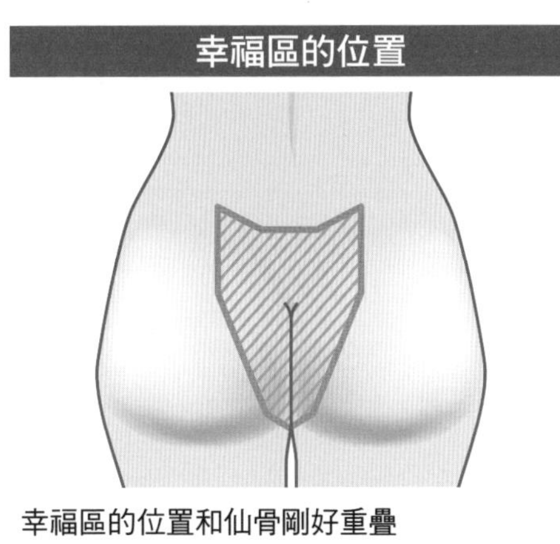

幸福區的位置和仙骨剛好重疊

幸福區按摩的操作方法

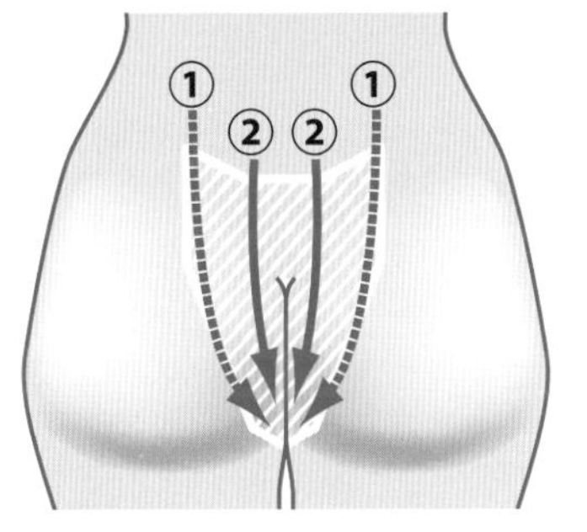

① 從骨盤最高點，一路按到尾椎骨的兩側

② 從股溝到尾椎股兩側

利用食指、中指、無名指的指腹，上下仔細按摩，一共重複按摩5次。每天一次，剛洗完澡穿上睡衣，就可以輕易實行了。
※在大致的位置上按壓即可。

福田 稔

按摩小腿肚可使血液循環變好

◉小腿肚是身體的第2顆心臟

二〇〇一年，我得了腦梗塞，在接受狹心症手術之前，我認識到小腿肚的按摩法。從已故的石川洋一醫師那裡，第一次體驗小腿肚按摩療法的時候，讓我痛到差點大叫出來。

現在回想起來，雖然當時只接受過一次按摩，但按摩小腿肚是個非常厲害的健康治療方式，如果當初讓我進行指頭按摩療法搭配小腿肚按摩法，我想即使沒有動狹心症的手術，身體狀況也會好轉。

石川醫師是在自己的手臂無法順利打點滴的時候，在偶然的情況下開始刺激小腿肚，一路觀察下來，他越來越了解到小腿肚的重要性，此後就開始指導大家小腿肚的健康法。

小腿肚是血液循環中最重要的器官位置，所以將它定義為「第2顆心臟」，這個治療的效果已經被證明。這種按摩對經濟艙症候群也非常具有功效，所以我會推薦病患採用這種按摩法來治療。

血液利用心臟如同幫浦般的運作在體內循環。心臟將動脈裡負責運送氧和營養的血液推送出去，再藉由靜脈周邊肌肉反覆收縮與放鬆所產生的壓力，讓血液把二氧化碳和老舊廢物運回心臟。離心臟很遠的腳部血液，能送回心臟的關鍵就在於小腿肚的肌肉。

容易滯留血液的是靜脈，特別是大腿以下的小腿肚是最容易滯留血液的部位。因此，小腿肚浮腫時，淋巴的流動就會跟著停滯。

採重點式按摩，尤其對血液和體液，以及淋巴的循環正常化非常有效，全身的血液循環也會變好。

小腿肚按摩法有助於改善心臟病、高血壓、氣喘、畏寒和失眠的症狀。更重要的是，順著淋巴流動方向，從下到上，也就是從腳踝往大腿的方向來按摩。

■從小腿肚認識自己的健康狀態

重點是要去感覺小腿肚的溫度、硬度和彈性

健康的人	如同按壓年糕一般，感覺溫溫的、嫩嫩的。富有彈性。
生病的人	感覺硬梆梆的。冰冰冷冷的。 好像內部有腫塊一般。 過於柔軟、沒有彈性。
肩膀僵硬、頭痛	小腿肚硬硬的。
高血壓	熱熱的、硬硬的。如同鰹魚乾一般，整個小腿肚都很硬。
心臟病	硬硬的沒有活力，而且冷冷的。 即使壓下去也不會產生抵抗感。
腸胃不佳的人	硬梆梆的、有膨脹感。 （肚子也冷冷硬硬的，而且觸碰會感到疼痛）
肝臟不良的人	柔軟、完全沒有抵抗感。
急性炎症、感冒	熱熱的卻不硬。
畏寒、婦女疾病	冷冷硬硬的。
自律神經失調症	冷冷硬硬的。
糖尿病	冷冷軟軟的。
腎臟病	冷冷軟軟的、沒有彈性。

按摩小腿肚，可以改善心臟、血管和循環系統的疾病（高血壓、狹心症、心律不整和心肌梗塞等等）。但是，足關節和小腿肚發炎的時候（關節扭傷、肌肉拉傷、關節炎和靜脈炎等等），或是腳骨折1年內、發高燒的時候和容易引發血栓的手術之後，都要避免按摩。如果是罹患腦梗塞和心肌梗塞，則要盡快積極地進行按摩。建議異位性皮膚炎的病患也可按摩。沐浴後和就寢前按摩小腿肚，效果會比較好。

※摘自《按摩小腿　擊敗萬病》石川洋一著（マキノ出版）

■坐在地上進行小腿肚按摩法

坐在地上，用手環繞著小腿肚的下面，由下往上如同推擠血液一般用力揉捏。
（從腳踝開始往小腿肚方向，重複按壓與放開的向上揉捏方式）

之後，用兩手從大腿的下面開始，如同推擠血液一般，用力往上揉捏。
（從大腿的底部用兩手慢慢往上方揉捏）

左右腳分別各5次用力而緩慢地揉捏，並且重複按壓與放開的向上揉捏方式。

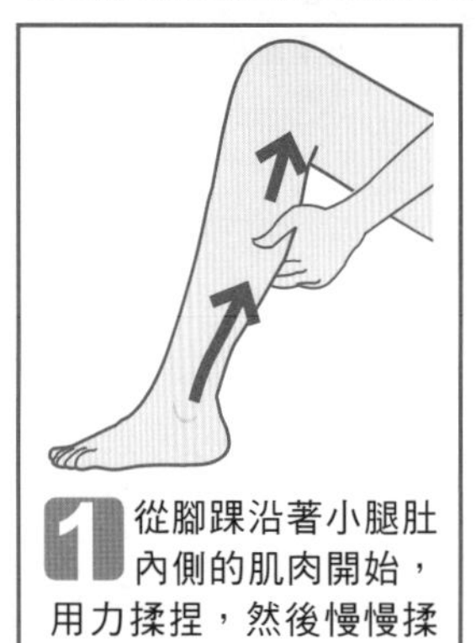

1 從腳踝沿著小腿肚內側的肌肉開始，用力揉捏，然後慢慢揉捏上去。

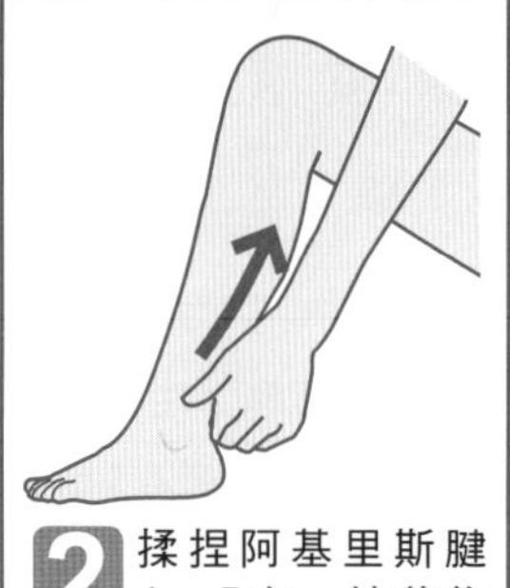

2 揉捏阿基里斯腱4～5次。接著往小腿肚中心一直揉捏上去。

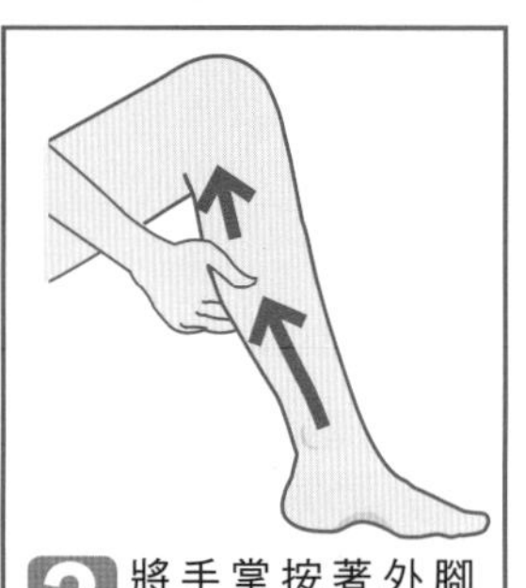

3 將手掌按著外腳踝，沿著小腿肚外側的肌肉一路揉捏上去。

■不同的症狀對應不同的小腿肚部位

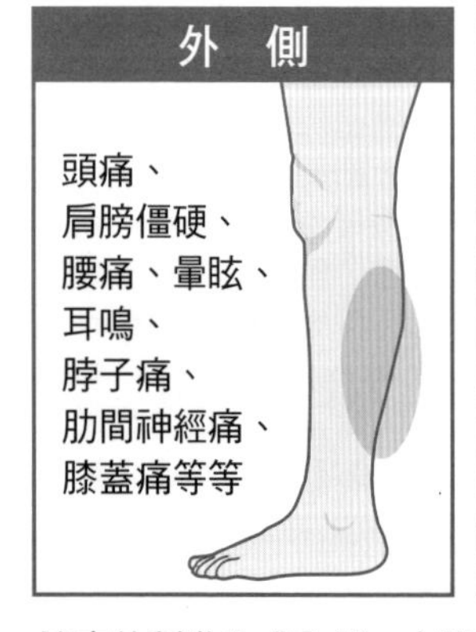

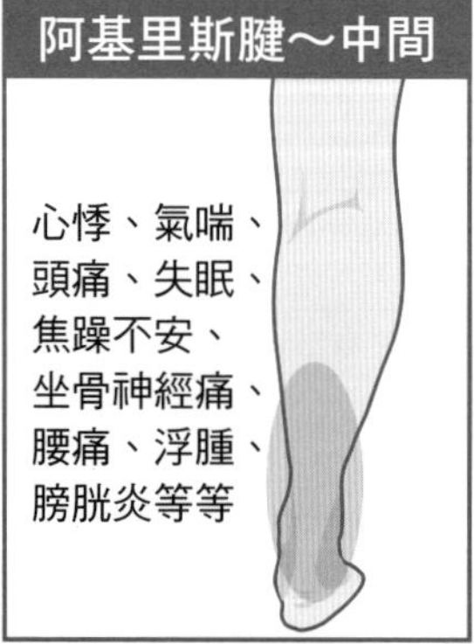

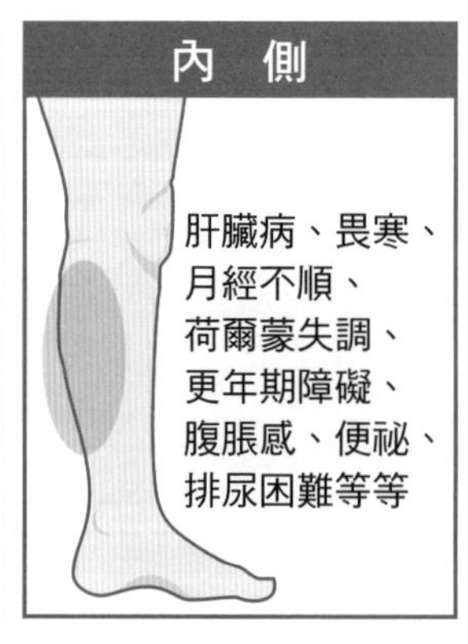

按摩的刺激分成內側、中間和外側3種方式來進行。
小腿肚是氣的能量聚集的場所，所以按摩小腿肚基本上會產生微微舒適的疼痛感。

小腿肚

坐在椅子上進行簡單的按摩方式

1 坐在椅子上，兩腳交叉。將上方腳的小腿肚內側，輕輕放在下方腳的膝蓋上，利用上方腳的上下來回移動來促進血液循環。如果再搭配腳踝如同畫圓般旋轉，會更具功效。

2 將上方腳的小腿肚中間壓在下方腳的膝蓋上，利用上方腳的上下來回移動促進血液循環。

相同地，將上方腳的小腿肚外側，輕輕放在下方腳的膝蓋上，利用上方腳的上下來回移動促進血液循環。

3 將上方腳擺成盤腿狀放在另一腳上，雙手從腳底的阿基里斯腱開始，一路揉捏到小腿肚。

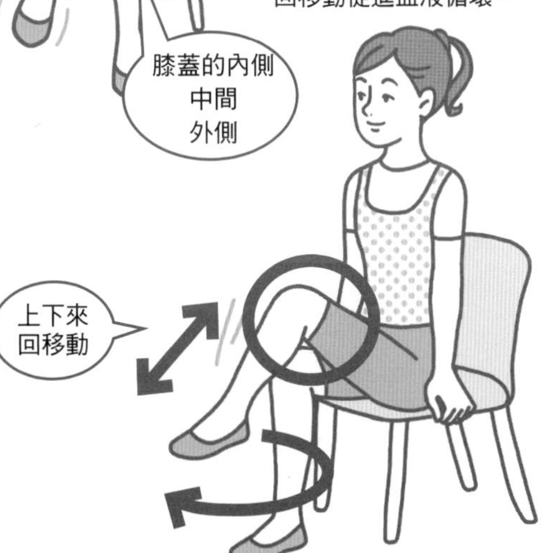

仰躺著進行會更簡單。

「專欄5　石原結實」

牙齒形狀與適用的飲食方式

人類本來的飲食習慣是以穀物為主，如今大相逕庭，變成以肉食為主，可能也是造成疾病發生的原因。

健康的飲食方式，牙齒與身體的狀態可以告訴你。動物的食性，也是由牙齒形狀來決定。例如牛和長頸鹿，因為只食用植物，所以牙齒都是平的。獅子和老虎則是只具備有用來吃肉尖牙利齒的肉食動物。

人類有32顆牙齒，其排列方式如左圖所示。

人類的肉食習慣，來自於歐洲，因為當地氣候寒冷，無法順利栽培許多農作物。結果，歐洲人為了能迅速排泄因酸性而易腐敗的肉類，腸子就變得較短，要容納腸子的身體也就因而較短，腳的長度則變長。

日本人的體長短足體型，是因為農作物豐饒，沒有太多肉食需求所致。若採用歐美型態的飲食生活，恐怕也會是造成生活習慣病的原因。

■牙齒的組成

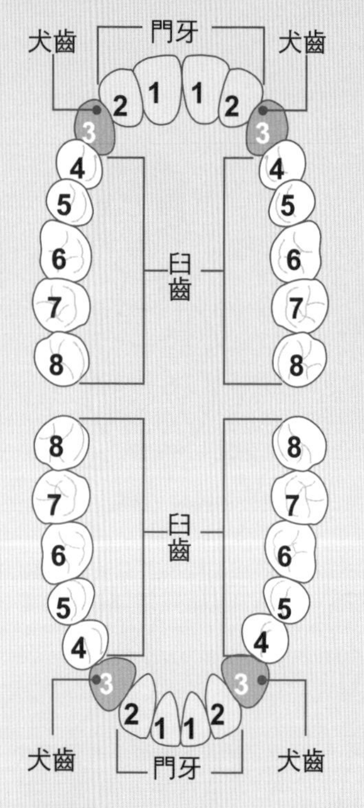

臼齒	食用穀物的牙齒	20顆	62.5%
門牙	用來吃水果、蔬菜、海藻等食物的牙齒	8顆	25%
犬齒	吃魚、吃肉的牙齒	4顆	12.5%

理想的飲食	
米飯、麵包等穀物食品	6成以上
蔬菜與水果	2成5
魚和肉	略高於1成

第六章　溫熱療法革命

溫熱讓身體
從內部開始改變

在日常生活中，
只需要這些簡單動作，
就可以輕易改善虛寒，
及血流不通暢的症狀！

微量放射線的作用

安保 徹

◉微量的放射線具有正面的健康效益

雖然我們很少聽到放射線激效（hormesis）這個詞，但是透過微量的放射線照射，確實對人體健康有益。簡單來說，就好比泡鐳溫泉對身體會產生療效。

放射線激效是美國密蘇里大學的拉基（Luckey）博士所發表的新用語（一九八二年）。

接受高劑量的放射線照射，對身體會造成重大傷害，但是如果只接受低劑量的放射線照射，反而會對身體健康有益，這是因為微量的放射線可以活化身體的許多機能。

在自然界中，空氣、宇宙、大地和食物等，多少都會產生微量的放射線，然而，這些微量的放射線，都會逐漸進入我們的身體。平均每人每年，大約處於2.4毫西弗的低劑量放射線之中。

雖然長時間處於放射線的照射之下，會累積放射線對身體的傷害，但是最近發現，少量放射線反而會促進身體機能活性化，因此，有些人士開始提倡使用低劑量放射線。

一提到放射線，會讓我們聯想到放射線治療，因為放射線激效的放射線是微量的，甚至可以激發身體免疫力、給予身體相當程度的刺激、提高身體生命力。

從自然界中所吸收到的微量放射線，正好可以使身體裡的荷爾蒙和細胞激素（干擾素等）發揮良好的運作，而且比起投予化學合成藥劑，這反而比較不會對身體造成傷害。

即使我們無法妄下斷語說放射線是不

好的，也要重視程度上的多寡。到底多少量是安全的，現在尚未有定論。另外，放射線激效的作用機制仍然不明。

利用老鼠來進行放射線與免疫力關聯性研究的結果顯示，經放射線照射，免疫力雖然會立刻略為下降，但是之後，那些支援以ＮＫ細胞和胸腺外分化Ｔ細胞為主的中高年免疫主角淋巴球群又會恢復正常。而支援年輕人免疫力為主的Ｔ細胞和Ｂ細胞，對放射線的感受性又高又強，會立即恢復正常。可見，放射線激效提高了免疫力。

擔任中高齡免疫力要職的ＮＫ細胞和胸腺外分化Ｔ細胞，具有消滅體內癌細胞和異常細胞的作用，所以是好幫手。即使同樣是溫泉，鐳溫泉可是專屬中高年人的溫泉。

但是和中藥一樣，對於沒有反抗力的重病病人來說，使用微量放射線治療可能直接造成壓力，所以要特別注意。

出處：聯合國科學委員會（UNSCEAR）2000年報告

現在放射線激效非常受到關注。鐳含量多的地方，例如在日本秋田縣的玉川溫泉、鳥取縣的三朝溫泉和新潟縣的村杉溫泉（五頭溫泉鄉），有許多人追求健康的功效而每天來泡湯。

鐳溫泉是指會釋放天然輻射的礦石（鈾和獨居石monazite）附近所湧出的泉水，具有釋放輻射能力的放射能泉，所以可算是有放射線激效的溫泉。

隨著礦石型態的改變，空氣中會產生離子化的氡和其同位素，讓人在泡溫泉的時候，不但可以從蒸氣中吸入氡，喝口溫泉水，還可以提高改善身體健康的功效。

氡和其同位素的離子進入到體內，會使血液循環變好，有助排出三酸甘油脂、膽固醇和氮化合物等，並促進分解造成疲痛等的老舊廢物。可以還原氧化作用和改善疾病，當然也會使身體產生生命力、加速新陳代謝，使身體回春、精力充沛。

當然，我們不能忘記同時發生作用的遠紅外線與負離子的相乘效果。

遠紅外線可以滲透到比體表更深數公分的身體深層組織，使身體從內部溫暖起來，所以可以改善血液循環。使從人體和礦石所發出相同波長的遠紅外線發生共振作用，並使細胞活性化，讓原本累積在細胞裡的有害金屬，可以排出體外。

體內取得負離子後，會和自由基反應產生抗氧化劑，使副交感神經運作占優勢。

用老鼠做微量放射線的實驗可以發現，因為提升了抗氧化酵素ＳＯＤ的活性，使得原本會引起動脈硬化和老年人腦血管障礙的過氧化脂質減少、細胞膜的流動性增加，因此可以改善新陳代謝，並且消除壓力。

為什麼長期泡鐳溫泉，可以有療癒的效果？這個祕密現在終於為人所知了。

在溫熱身體風潮最盛時期，出現了岩盤浴，年輕人都喜歡聚集在這些溫泉設施裡面。隨著地球的暖化，氣候變得比以往更為溫暖，但是熱水袋和UNIQLO的HEAT TECH保暖衣等商品仍然銷售一空。

甚至在藥局裡面，總會有全身保暖用品的愛好者，為此還擺滿了眼用溫浴面罩，運用放射線激效所製成的寢具、內衣等各式各樣保暖商品。

說不定這種現象是受了現在有越來越多年輕人體溫偏低的影響，但我認為，這些流行的現象背後，是身體本能所產生的影響。

在溫熱身體的熱潮中，如果可以讓年輕人知道，溫熱身體為何有益、溫熱身體和健康之間的關連、疾病和藥物的真正意義，說不定在未來，也能讓人對醫療觀念有所改變。

體溫與免疫力

石原結實

◉體溫偏低容易生病

要讓我們生命的機能正常運作，就要有一定的體溫。體溫如果偏低，容易引發各式各樣的疾病。

大約在50年前，日本人的平均體溫是36.8℃。現在，很少人能維持這個體溫，大多數人的平均體溫是36℃左右，甚至還有人平均體溫不到35℃。試著觀察病患的體溫就會發現，其中有許多人體溫都很低。

體溫與免疫力的關係相當密切，因此，用體溫來標示免疫力的程度，可以容易讓人理解兩者之間的關係。

最健康且免疫力高的平均體溫是36.5℃～37℃。體溫下降1℃，免疫力就會下降30％以上；體溫上升1℃，免疫力就會增加5～6倍之多。體溫下降會導致血液循環不良，所有的新陳代謝機能下降，因而引發各式各樣的疾病。

癌細胞在體溫35℃的時候最容易增殖，到了體溫39.3℃以上就會全部滅亡。癌症，也是一種因為低體溫而引發的疾病。

實際上，因為癌症而死亡的人數持續在增加中。一九七五年，有13萬6千人因為癌症而死亡，二〇〇六年，卻有高達32萬9千人之多因癌症而死。雖然醫師的人數從13萬人增加到28萬人，研究和治療癌症的方法也持續在進步，但是癌症的死亡人數卻倍增。

在歐美地區，癌症治療的成果確實有向上提升，但是在日本，死亡人數卻向上攀升。我想這就是因為日本人的低體溫所產生的重大影響。

人類的最原始起源，是在熱帶地方，而且沒有體毛。學者認為，人類在300萬年前於非洲大陸從大猩猩演化而來，因此，對於酷暑很有抵抗力，但是對寒冷就沒有相對應的調節機能。正因為面對寒冷的能力弱，所以體溫會下降，容易引發各種疾病。例如癌症、腎臟病、糖尿病、膠原病和大多數疾病，因此死亡率居高不下。

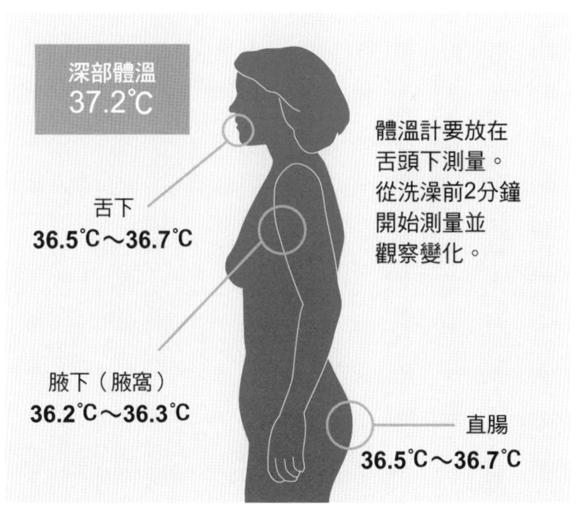

■**體溫和免疫**　測量腋下體溫的情況

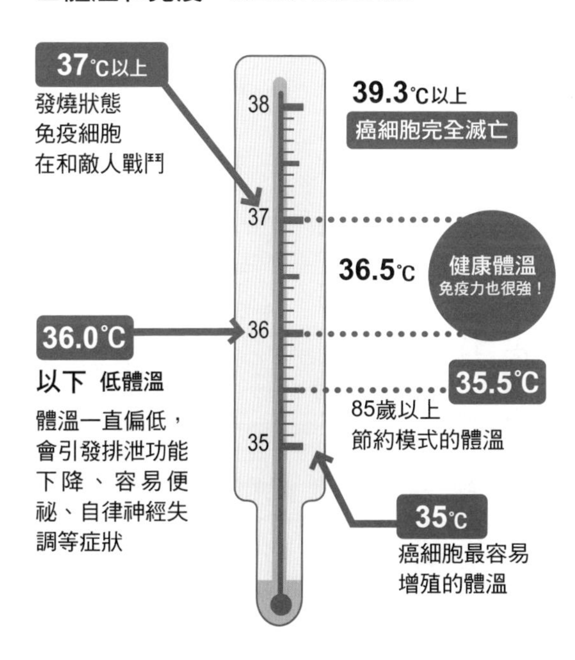

即使體溫只下降0.5℃，身體一旦感覺到寒冷，就會受到傷害。如果持續維持低體溫的狀態，體內的3萬種作用酶就無法運作，使得排泄功能低下，導致出現自律神經失調症、異位性皮膚炎等症狀。

人的身體需要熱來運作，體溫正是生命力的表徵。

觀察體溫的一日變化會發現，體溫最低的時間範圍在凌晨3點到5點，過了這段時間，體溫會持續上升到下午5點。一天當中的最低體溫和最高體溫，可以相差約1℃。

一天之中，體溫最低的時間範圍是凌晨3點到5點，此時死亡率也最高。像是哮喘、異型狹心症、潰瘍性大腸炎的腹痛，也好發於這個時間範圍。

另外，體溫也會隨著年齡而有不同的變化。

嬰兒紅血球多而且體熱高，所以一出生，身體就呈現紅色的。但是隨著年齡增長，到了老年的時候，體溫比正常體溫範圍來得低，就會出現白頭髮、罹患白內障、皮膚長白斑等。隨著身體變寒冷，身體會變得又白又硬。白，就是冷的表徵。

人一旦變老，身體的肌肉、骨頭和關節等部位就會變硬，因為僵硬和硬直，導致關節的可動範圍減少，疼痛就此產生。身體的內部和外部是表裡一致的，所以如果身體外部變硬，內部也不可能柔軟。

因此，身體內部也會變硬，就會引起心肌梗塞和腦梗塞。梗塞的根本原因，其實就是血液凝結造成血栓。原本溫暖的體內一旦出現凝固的血栓，身體就會顯現出寒冷。

日常生活中，壓力、運動不足、嗜冷的飲食生活、過冷的空調、淋浴和藥物等因素，都是容易造成體溫下降的原因。

我們不但要溫熱身體的內部和外部，也要努力讓身體不容易發冷。

從身體外部來溫熱身體的方式就是運動。人的肌肉有70％以上集中在以腿為中心的下半身。健走和負重下蹲等鍛鍊下半身的運動，可以增加熱量的產生，並防止身體發冷。

此外，泡澡比淋浴更容易提高體溫，因為泡澡可以讓全身均勻受熱，使全身血液循環變好、促進新陳代謝。

從身體內部開始的溫熱身體方式，是要挑選對的食物和注意飲食方法。不要吃太多容易讓身體變冷的陰性食物、不要攝取過多水分，同時限制食用過多鹽分，因為這些因素都容易讓身體變冷。

吃太多食物，血液會集中在腸胃，送往其他身體肌肉的血液就會減少，這就是導致低體溫的原因。盡可能地減少飲食，和體溫提升有很大的關係。

除此之外，也不要再使用甲狀腺荷爾蒙劑，因為幾乎所有藥物都是導致身體變冷的原因。如果能長時間不再使用藥物，最後就會逐漸改善身體的健康狀態。

人體最健康、免疫力也最高的平均體溫是在36.5℃～37.0℃之間，請好好除去那些會讓體溫下降的因素。

體溫，是人體健康狀態不可或缺的重要指標。

泡澡效果

福田 稔

◉溫泉具有暖潤的功效

我所尊敬的後藤艮山（一六五九～一七三三年），是江戶時代中期醫學革新運動的先驅者。當時的醫師都會剃髮如僧、穿著僧服，並以僧官之位感到自豪。只有艮山不願剃髮，而是把頭髮綁起來，而且穿著跟平常一樣的衣服，就如同我們在電視時代劇中所看到的穿著打扮。這就是醫界開始從佛教獨立出來，確立社會地位的原動力。

後藤艮山不喜歡那種依病人貧富而有差別待遇地來賺錢，也討厭僧形般的醫師，認為，「上自天子，下至庶民，醫師從中挑選病患，並以其為獲利的手段是不可行的」。他終其一生都是在小鎮當醫師，悉心治療被其他醫師捨棄的病患，所以門前總是擠滿了前來看診的病患，門下弟子大概有超過200人之多。

他提倡「一氣滞留說」，認為百病起源於一氣的滞留，以順氣（使氣的流動回復正常）為治療的綱要。

從書籍和民間療法中，採用具有時效性的方式，再使用針灸、熊膽、溫泉、八眼鱔魚和雞蛋等營養療法，通稱為「湯熊灸庵」。

溫泉是在泡澡的時候溫潤身體，改善血液循環、促進新陳代謝，所以被認為具有「暖潤活暢的效果」。他提倡溫泉可以應用於治療疾病，是日本科學溫泉療法的創始者。

繼承研究的第一把交椅——香川修德，認為疾病是因為人體內的氣鬱滞而引起，最好的解決方式首推溫泉。在此之後，根據溫泉所含有的成分來解說治療效果的溫泉分析學，才開始急遽發展。

現在我也是以成為現代的後藤艮山為目標，仔細鑽研並精進有效改善氣的流動方法。

不光只是溫熱身體，還可以緩和氣的滯留的溫泉分為9種。建議各位偶爾可以利用消除壓力的溫泉，來進行一趟溫泉療養也很不錯。

◉泡澡的功效

泡澡不光只是能清潔身體而已，

■9種溫泉

根據溫泉泉質的主要成分分為9個種類。請根據自己的身體症狀，選出治療效果高的溫泉。

種類	特徵與效能
單純泉	泉溫25℃以上、1L的溫泉水中含有的成分在1g以內。在日本的數量最多，含有的成分很少。無色透明、無味無臭、溫和且刺激小。對於高血壓、動脈硬化等都很有療效，吸引百萬人前往。
二氧化碳泉	1L的溫泉水含有1g以上的游離碳酸，其他的成分占1g以內。對心臟沒有負擔，還可以促進血液循環的「心臟溫泉」。大多是冷泉，對身體產生碳酸氣體泡泡的「泡泡溫泉」。對於高血壓、動脈硬化、風濕等都很有療效。特徵是即使從溫泉起身仍然很溫暖，喝泉水會有如碳酸飲料般的清涼感。
鹽化物泉	如同海水一般，舔到會感覺鹹。因為含有鹽分，所以具有極高的保溫效果，是泉水不會冷的「熱溫泉」。對於關節痛、風濕等很有療效。飲用泉水可以抑制胃酸分泌，是讓腸道運動活躍的「胃腸溫泉」。
碳酸氫鹽泉	根據鈉和鎂等成分來分類。鈉（重曹泉）會讓肌膚變水嫩，軟化皮膚表面，改善皮膚病等症狀。鎂具有鎮靜、抗炎症的作用，可以改善慢性皮膚病、風濕等症狀。是可以乳化脂肪和分泌物，讓肌膚光滑的「美人溫泉」。
硫酸鹽泉	根據鈉（芒硝泉）、鈣（石膏泉）和鎂（正苦味泉）等成分來分類。飲用泉水對於便祕、蕁麻疹等會有療效。在日本有許多泉質的「傷溫泉」「中風溫泉」。正苦味泉在日本數量很少，又稱「腦中風溫泉」。
硫磺泉	是對動脈硬化、高血壓等有益的「心臟溫泉」。飲用泉水可以消除便祕、金屬中毒。如同雞蛋腐壞般惡臭、白濁狀般的溫泉，單純硫磺泉和單純硫化氫泉有很大的差別。是療養效果高，對各種疾病都有效的溫泉。
含鐵泉	含有許多鐵的成分，有益貧血。保溫效果高、接觸空氣氧化形成茶褐色。飲用泉水有助於治療貧血。分為碳酸鐵泉和綠礬泉2種。和綠茶一起飲用效果更好。
酸性泉	含有大量氫離子，所以酸度很高。是具有酸味、可以刺激肌膚的溫泉。分為酸性明礬泉和酸性綠礬泉等。是日本特有的溫泉。高溫之下具有很強的抗菌力，刺激也很強，偶爾會造成皮膚潰爛。可以改善皮膚病。
放射能泉	1L的溫泉水中含有氡的量100億分之30居里單位（8.25馬謝單位）以上。自古就是對萬病都有療效的溫泉「鐳溫泉」。對於痛風、尿道疾病患者等都有療效。特徵是具有鎮靜作用，還能提高卵巢和睪丸的機能。

還有許多健康的療效。

熱的水溫可以刺激掌控活動的交感神經，溫和的水溫可以刺激掌控放鬆的副交感神經。

因此，應該在早上工作前泡熱水澡，在晚上睡覺前泡溫水澡，溫水澡可以讓血管擴張、血液循環變好，從腦中釋放出α波，讓身心都達到放鬆的境界。

另外，對提昇免疫力、預防及改善疾病都很有幫助。請根據自身的身體狀況來調整不同的泡澡水溫。

泡澡的適當溫度，大約是比自己的體溫高4℃左右最適當。平常體溫在36℃的人，應該泡差不多40℃的水溫，但是實際上還是應該根據每個人泡澡時感覺到最舒服的狀態來調整水溫。

○溫熱效果

利用泡澡溫暖身體，可讓體內的氧和營養藉由血液運送到內臟和肌肉，促進腎臟和肺排泄出老舊廢物，使血液變乾淨。因為溫熱的效果，提高了能溶解血栓的纖維蛋白分解酵素（plasmin）的溶解血栓能力（線溶能），使血液變清澈、血液循環變好。

纖維蛋白分解酶若是在持續增加老舊廢物的血液中，會讓生產量無法提升，如果不溶解血栓，血液循環會變糟、血管變狹窄，就會引起動脈硬化。泡澡不僅可以恢復疲勞、美化肌膚，還有助預防腦梗塞、心肌梗塞、女性常見的下肢靜脈曲張等作用。

○水壓效果

家用加深的浴槽中，泡澡水的靜水壓（泡澡時對身體產生的壓力）大約是500kg，當泡澡水深及肩膀，可以縮小胸圍2～3㎝、腰圍3～5㎝以及小腿肚1㎝。雙腿會因為水壓讓血管變細而集中全身血液量的3分之1向上送往心臟。因此，心臟的運動更活躍，淋巴和血液循環變好，如同按摩所能達到的效果一般。特別的是，腎臟的血液循環也會變好，排尿量就會增加，也能改善浮腫和畏寒。

○浮力效果

如同阿基米德原理，泡在澡盆中，體重會變成原本的十分之一。浮力可以支撐身體，減輕關節和肌肉的負擔，所以在水中不會感到疼痛，可以自由行動。在泡澡時運動，可以治療疼痛和麻痺症狀，強化肌力，達到復健效果。

■熱水和溫水的功效比較

	熱水（42℃以上）	溫水（38℃～41℃）
自立神經	交感神經運作	副交感神經運作
血壓	急速上升	變化不大，但是會慢慢下降
心跳（脈搏）	加快	變緩慢
心情	緊張	放鬆
腸胃的運作	下降 胃液分泌減少	變活潑 促進胃液分泌
泡澡時間	10分鐘之內	20～30分鐘
適應症	胃潰瘍、胃酸過多 早上起床不易的人可晨間泡澡 想要抑制食欲的人	高血壓、失眠、壓力大的人 食欲不振的人、腸胃虛弱的人 甲狀腺機能亢進症

泡澡比淋浴更能增強免疫力

◎喜歡淋浴的年輕人容易罹患疾病

因為生活歐美化的關係，近來年輕人偏好用淋浴的方式洗澡。在繁忙的時候和夏季都不泡澡，直接淋浴的人增加了，但是淋浴沒辦法溫熱到身體內部。

我們一般的日常生活當中，泡澡是一個最迅速簡單能夠溫熱身體內部的方式。如果分成淋浴派和泡澡派兩種類別，泡澡派的人體溫上升比較多。

一般來說，年輕人的淋巴球數量和比例比較多，但隨著年齡增長，淋巴球數量和比例就會減少。

一些公司會幫員工進行血液檢查，結果發現，大多數20多歲的員工淋巴球數量和比例，竟然比50多歲的員工來得低。

淋巴球數量和比例偏低的20多歲員工，幾乎都不泡澡，而是淋浴。

淋巴球數量和比例比20多歲員工來得高的50多歲員工則是泡澡派的。

一般來說，50多歲員工，幾乎都不是淋浴派，而是泡澡派的。

我並不是光靠這個就如此斷定，認為泡澡的人淋巴球數量和比例就比淋浴的人來得高。

繁忙時，沒辦法悠閒泡澡的人多會選擇淋浴。持續這種方式10年所產生的差別，就可能會讓40多歲的人罹癌。

如果可以，泡澡水的溫度要維持在38～40℃左右，請在這樣溫暖的水中泡澡10分鐘以上。若是半身浴，即使在生病的情況下，對身體是不會產生負擔的。

■泡澡的習慣與白血球

	淋巴球		顆粒球	
	實數	%	實數	%
泡澡派	2,248 ± 915	33.2 ± 10.9	4,176 ± 1.435	60.9 ± 11.5
淋浴派	1,901 ± 799	25.9 ± 9.2	5,037 ± 1,784	68.4 ± 8.7
理想值	2,200 ～ 2,800	35 ～ 41	3,600 ～ 4,000	54 ～ 60

2005年6月檢查（20～40歲的日本pori化工總公司員工18人）其中泡澡派女性有1人，淋浴派女性有2人。

■隨年齡變化的白血球平衡曲線

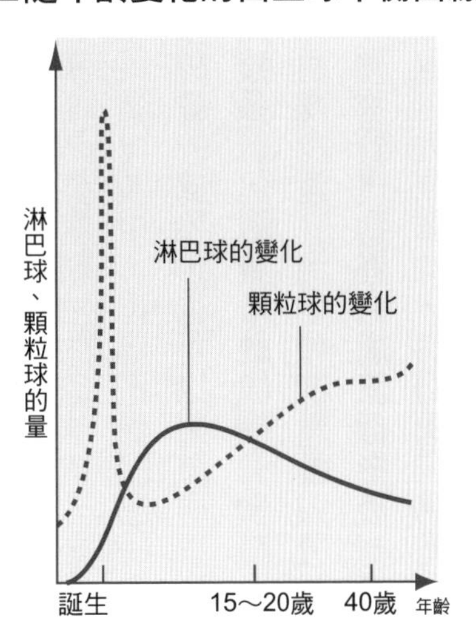

在這裡特別受到注意的是HSP（Heat Shock Protein，熱休克蛋白質）。HSP是可以修復破損細胞的蛋白質，是經由熱的刺激而產生。泡熱水澡3天的時間會使HSP達到最高峰。

已經惡化的癌症病患在手術前3天運用這個方法，可提高手術成功率；拒絕上學的兒童用此方法3天後就會想去學校；奧林匹克選手運用此方法，就有機會創下最高紀錄。但溫度過高反而會產生壓力，所以我認為以39℃為指標水溫最好。

善用藥浴，身心喜悅加倍

◉藥浴具有療癒效果

所謂的藥浴，就是指將植物的葉、根、皮和果實放入泡澡水中。

常見的藥浴是5月5日的菖蒲浴和冬至的柚子浴。這些藥浴有些是將植物氧化還原而來，有些是會釋放出負離子，都具有明顯改善身體的功效。

藥浴是植物精油的香味成分，從鼻黏膜吸收到血液中，再傳送到腦部，會帶來放鬆神經的效果，也可以刺激內分泌系統和免疫系統，對身心健康極有助益。

再加上溶在溫水中的精油成分、維生素和礦物質，會在肌膚表面形成一層保護層，保濕效果很高，具有美肌功效。

植物也有抑制皮膚發炎、濕疹和痱子的療效。

在藥浴裡面的植物精油成分，差不多在40℃左右、10～15分鐘就可以順利溶解出來。但不能因為有香氣就泡太久。

平常也可以活用芳香療法，但是要特別注意容易引起肌膚問題的柑橘系列精油。雖然薰衣草會讓副交感神經占優勢，但是如果使用過多，反而會導致反作用。

泡澡是日本在世界上最自豪的健康法之一，是日本傳統的放鬆方式，請善加利用泡澡健康法。

■藥浴

材料	方法	效能
天然鹽	在泡澡中稍微加入一些粗鹽。 泡完澡後，用淋浴沖洗掉。	改善寒性體質、虛胖。預防感冒。
生薑	直接放入一塊生薑，或是用布包著生薑放入泡澡水中。	改善寒性體質、神經痛、腰痛、風濕、失眠。預防感冒。
無花果葉	新鮮或是乾燥的無花果葉片，剁碎3～5片放入泡澡水內。	改善神經痛、風濕、痔瘡、便祕。
菊花葉	將幾片葉片用布袋包好放入泡澡水中。	藉由葉綠素的殺菌作用，可使擦傷提早治癒。
櫻花葉	將幾片新鮮或是乾燥的葉片放入泡澡水中。	改善濕疹、痱子。
菖蒲	洗淨整個菖蒲（根、莖、葉），保持新鮮放入泡澡水裡。	增進食欲、恢復疲勞、改善寒性體質、改善皮膚病。
白蘿蔔	在太陽下自然風乾1個禮拜，將乾燥的葉片5～6片煮成湯汁，再加入泡澡水。	改善寒性體質、神經痛、婦女疾病（生理痛、分泌物）。
玫瑰	將數朵花放進泡澡水中。	消除壓力、改善宿醉。
艾草	將幾片～10片新鮮或是乾燥的葉片放入泡澡水中。	改善寒性體質、月經過多、痔瘡、子宮肌瘤。
枇杷葉	將5～6片新鮮或是乾燥的葉片放入泡澡水中。	改善濕疹、斑疹、痱子。
柑橘	將3～4顆柑橘的果皮在陽光下曝曬，乾燥之後放入泡澡水中。	消除壓力、改善冷性體質、感冒初期症狀、咳嗽。
桃子葉	將細小剁碎的葉片用布袋包好，再放入泡澡水中。	改善濕疹、過敏、皮膚病。
柚子	將1顆柚子切成2份後放入泡澡水中。	改善神經痛、濕疹、龜裂、皸裂。
檸檬	將1顆檸檬切片放入泡澡水中。	消除壓力。具有美化肌膚效果、改善不眠。

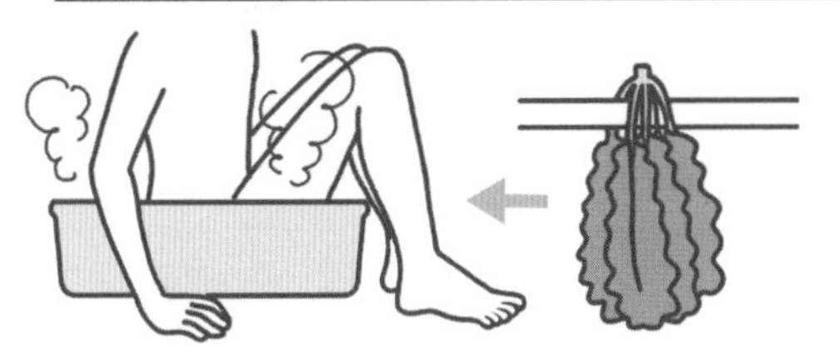

任何人都可以使用，沒有限制。但是肌膚有異常感覺時，請馬上停止泡澡。

將蘿蔔的葉子陰乾，乾燥後在適溫下煎煮過，放入澡盆內浸泡臀部。可以改善子宮肌瘤、膀胱炎、婦女疾病、痔瘡等和下半身相關的疾病。

善用半身浴、手浴或足浴，促進身體排汗

◉每個人都適用的溫熱泡澡法

特別推薦不喜歡半身浴的人、濕疹、因膠原病等疼痛所苦的人和身體容易發冷的人進行。

○半身浴

半身浴的意思是指，只有浸泡身體心窩下方部分的泡澡方式。與浸泡到肩膀的全身泡澡相比，對肺部及心臟的負擔比較輕，所以連患有呼吸系統、心臟和循環系統疾病的人，都可以安心進行。

再者，半身浴可以集中溫暖下半身溫度，若包含腎臟在內腰以下的血液循環良好，就能促進排尿，整個身體也都會溫暖起來。進行30分鐘以上的半身浴，可以促進發汗、排泄出細胞和細胞之間多餘的水分、改善浮腫及下肢疼痛。這種泡澡方式會讓每個人都感受到頭寒腳熱的效果。

冬天寒冷的時候，在更衣室或泡澡前，要在肩膀披上乾浴巾，防止受涼。

○手浴

洗臉盆內放入42℃～43℃左右的熱水，先讓兩手泡在裡面10～20分鐘，中途如果水溫下降，可以再添加熱水。會讓堵塞的血液流動變好，進而改善肩膀僵硬、頭痛、手肘及手關節的疼痛症狀。

反覆手浴1～2次，泡完手後，將手放入冷水1～2分鐘，如此冷熱交互泡手，會使全身都溫熱起來。

○足浴

在洗臉盆或木桶中，放入42℃～43℃左右的熱水。先將兩腳放入熱水浸泡10～20分鐘，為了不讓水溫變冷，中途要繼續添加熱水維持水溫。這種足浴方式，可以改善腰痛與膝痛的毛病。

再者，藉由溫度刺激到腳的內部，可讓下半身血液循環變好。全身的血液循環都變好了，身體也就跟著溫熱起來了。足浴多少也可以改善腎臟的血液循環，並促進排尿。

進行手浴和足浴的時候，如果加入一些鹽，效果會更好。經過15分鐘的浸泡之後會出汗，身心均感舒暢。

■半身浴、手浴、足浴

◎通往治癒過程的發熱反應

拿生病的人和健康的人的體溫（腋下溫度）相比，健康的人的體溫大多介於35.8℃～37.2℃之間。

健康的人體溫也有差異。體溫會隨著工作內容和性格等出現不同的變化，比較活躍的人，需要比較多的能量，所以體溫會比較高；相反地，老年人活動量比較少，體溫就會變得比較低。

同時，生病的人的體溫會相當偏離平均體溫值。其中也有癌症和憂鬱症患者，看起來就有許多人是屬於低體溫的。但是，也有許多人出現發熱的現象，這是身體無論如何都要讓體溫比平均體溫值來得高的反應。

這種疾病的人，平常體溫在35℃的低體溫狀態，一旦體溫提升到37℃，就會出現發熱狀態。發熱是讓身體體溫上升、改善血液循環並通往治癒之路的反應。發熱的人都會逐漸治癒疾病的，不是嗎？

罹患異位性皮膚炎和帕金森氏症的人也常常會出現體溫超過37℃。需要注意防止因為發熱而使症狀惡化的情況。

發熱是種不舒服的症狀，所以應該還是要逐漸讓體溫下降。體溫上升過多會造成危險，一旦到了發高燒的程度，就必須要降溫。但是如果只是治癒反應的發熱，卻服用藥物阻止體溫上升，疾病就不容易治癒。這也是形成慢性病的原因。

生病的原因在於，不佳的生活方式導致交感神經緊張，和過於放鬆的生活方式使副交感神經占優勢。因此，根本的解決

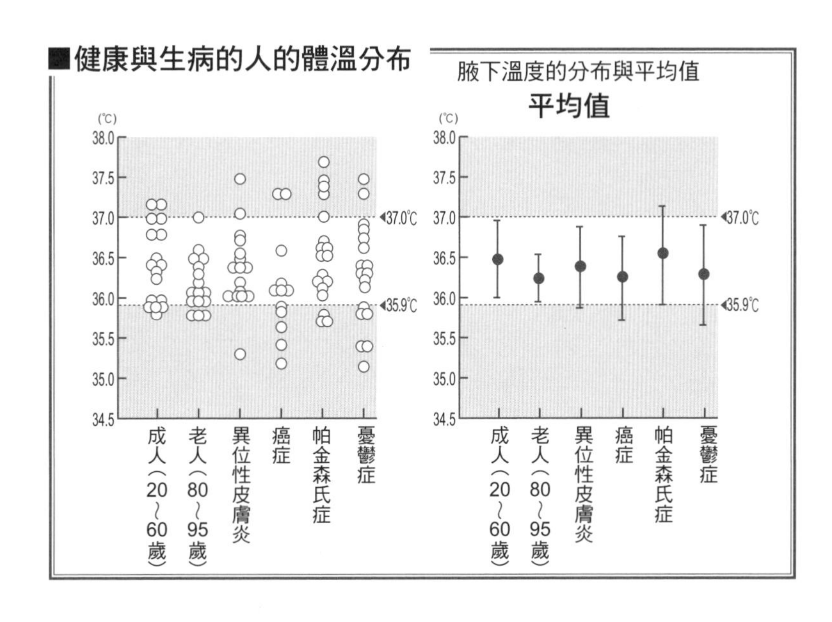

方法就是要修正生活習慣到正常方式才不會生病。

但是，若想暫時消去疾病嚴重的症狀，就要優先考慮溫熱身體的方法。體溫上升，免疫系統就會活化，因此血液循環會變好，就可以改善症狀。

發熱正是治療疾病的最大機會，所以請善用熱水袋、懷爐和肚圍來溫熱身體，使身體發汗吧！

發熱之後可能會伴隨有疼痛，這正是血液循環變好的證據，所以千萬不要用藥物來阻斷自然的治癒力過程。

◎癌症的妙藥——枇杷葉溫灸療法

很早以前，日本的民間療法就會使用枇杷葉來進行治療，因為枇杷葉含有「苦杏仁苷」（amygdalin，維生素B_{17}）的成分（含有20ppm）。

再者，枇杷的種子含有比葉子多1200倍以上的苦杏仁酐成分，因此預防醫學方面相當重視其療效。

一九五〇年，美國舊金山的生化學家恩斯特．克雷布斯（Ernst.Krebs）博士，從杏的種子（杏仁）中抽取出苦杏仁苷，並將它結晶化命名為苦杏仁素（laetrile），使用於治療癌症（維生素B_{17}療法、laetrile療法）。

苦杏仁苷含量多的有杏的種子、枇杷的種子和葉子、梅的種子、杏仁、苜蓿、梅乾、竹筍、糙米、大豆、紅豆、蕎麥和芝麻等。

苦杏仁苷進入人體之後，癌細胞中含有大量的特殊酵素β葡萄糖苷酶（β-glucosidase）會被水解，變成游離的氰酸和安息香醛（benzaldehyde）。這兩種物質的相乘毒性，可以破壞癌細胞，但是正常細胞會因為某種保護酶的關係產生無害化，就不會受到這兩種物質的破壞。用顯微鏡觀察，癌細胞就好像蒼蠅被殺蟲劑殺死的樣子。

此外，被苦杏仁苷分解的安息香酸，會發揮抗濕疹、殺菌、鎮痛的功效，其中大部分為鎮痛作用，所以可以緩和癌症末期的疼痛，對神經痛和挫傷的疼痛等，也非常具有療效。不但有改善出現在體表的乳癌、皮膚癌的效果，對肺癌、胃癌等內臟癌也相當有療效。

◉生薑濕敷可治疼痛

疼痛感覺非常強烈的時候，可以使用生薑濕敷來緩和疼痛。生薑濕敷是將生薑的效能藉由肌膚吸收進到體內，可以舒緩關節疼痛、腰痛、肩膀痠痛、腹痛之類的疼痛。

將磨碎的生薑加入熱水混合，把毛巾泡進去之後，稍微擰乾一些，敷在不舒服的地方。敷在疼痛的部位和雙腿內側，可以促進血液循環。不光是癌症的疼痛，對肩膀痠痛、腰痛、婦女疾病、過敏、氣喘等所有疾病都深具療效。

■枇杷葉溫灸

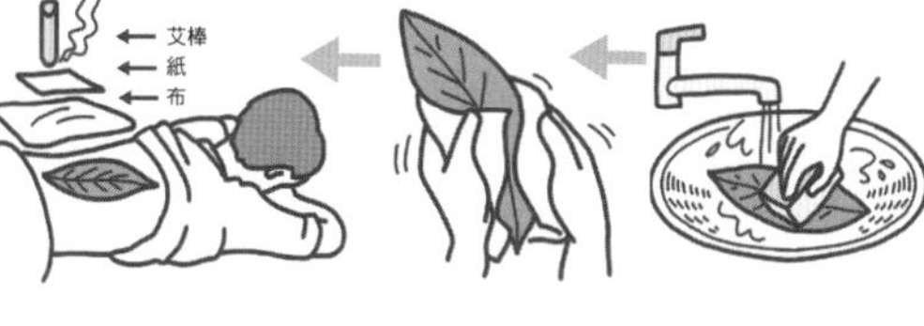

【方法】用水洗淨枇杷的葉子之後擦乾。在患部用葉子疊上布和紙，用艾灸棒在壓到的痛點進行按摩。等到不夠熱的時候就可以拿開。間隔一天，在早晚和生薑濕敷交互進行更具有療效。

■生薑濕敷

【材料（一次的份量）】
生薑150ｇ／棉袋1袋
水2公升／厚毛巾2條

【作法】將磨碎的生薑放入棉袋綁起來。在鍋中的水沸騰前，將此袋放入鍋中加熱，維持小火持續加溫到70℃左右，將毛巾泡進去之後稍微擰乾一些，再將此熱毛巾敷在患部。為了不讓這個熱毛巾變冷，把塑膠袋放上面，上面再放乾布，然後蓋上棉被。大約10分鐘重覆2～3次。

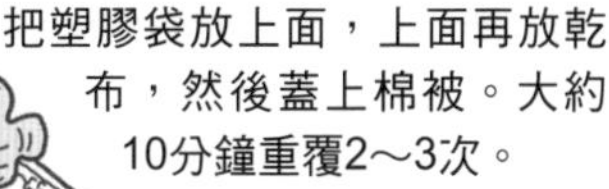

福田 稔

使用肚圍、熱水袋、懷爐來保暖身體

◉快速溫熱身體的保暖物

○肚圍

提到肚圍，腦中不自覺地就會浮現出日本電影《男人真命苦》（男はつらいよ）主角寅次郎浪子的感覺。許多人都認為肚圍感覺很沒價值、很老派，所以都不想使用。

肚圍一開始是出現在日本民間故事中，代表的英雄人物——扛斧頭的金太郎穿著菱形的紅色肚兜，擁有可以把熊拋出去的怪力。

金太郎是足柄山紅龍和山姥所生的孩子，真實存在的人物名叫坂田公時。坂田公時在從東國上洛的途中遇見源賴光而成為其家臣，之後，變成賴光四天王之一，並在消滅妖怪——大江山的酒呑童子時大獲全勝。

這種強大力量的祕密，我想正是因為穿肚兜的關係。肚兜可以守護胃到肚子的部位，防止體內深層體溫下降。拜此之賜，可以防止從手腳散失體熱，肚子就不受損害而精力充沛。

江戶時代稱此為「隅取腹當」，幾乎所有的五月人形（武士人偶）都做成足柄山的金太郎，並稱為「金太郎將軍」。

○熱水袋

熱水袋的熱能量很大，所以適合用來溫熱身體。對於大腿肚和臀部等肌肉大的部位具有明顯效果。

但是如果熱水袋的溫度比體溫來得低，反而會奪走體熱。所以請勿使用熱度比體溫低的熱水袋。

另外，使用熱水袋時要特別小心燙傷。使用熱水袋之前，一定要在熱水袋外面包裹著套子或毛巾等覆蓋物。

也可以使用寶特瓶來代替熱水袋。但是考慮到寶特瓶的材質，裝入的水溫必須要低於100℃，所以最好裝入90℃以下的熱水。另外，包裹著毛巾時比較容易疏忽，請多留意不要被燙到。如果熱水袋溫度變冷了，請更換裡面的熱水。熱水袋不只可以在天氣寒冷的時候使用，在身體感覺冷的時候隨時都可以使用。而且不只在夜晚使用，如果可以，盡量在早上四點到六點之間使用比較好。

坐著時，可以將熱水袋或寶特瓶放在膝蓋上面的位置，以溫熱大腿肚，也可以溫熱腰到臀部。躺在床上時，將寶保特瓶放在腿的內側，就可以溫熱腿的內側。

○懷爐

在工作和外出途中，使用懷爐比較方便。考慮到環保，盡可能不要用拋棄式的，推薦使用像白金懷爐一樣可以重覆使用的東西。如果是男性，西裝褲腰部兩側有口袋，後面也有口袋，共有4個口袋，可以充分地輪流放入懷爐來使用。

如果配合乾布按摩一起使用，效果會更顯著。

「專欄6　福田稔」

森林浴的效果

大自然會抑制交感神經，使副交感神經占優勢，當身心都放鬆，身體本身就會具備治癒的能力。

踏入森林，會感覺到空氣變清新，整個心情也跟著爽朗起來。這就是森林中所散發出來的芬多精香氣和負離子等所產生的功效。

最近的科學研究報告指出，進行森林浴可以消除壓力，讓能攻擊癌細胞的NK細胞增加，也可以讓白血球中的淋巴球和顆粒球比例接近理想範圍值，深具健康效果。

進行森林浴可以調整自律神經的平衡，原本不怎麼運動的人如果過度運動，也可能會導致NK細胞減少。想要減輕疲勞，試著自然愉快地接觸森林浴吧！

第七章　健康的生活方式

過對生活方式
就能改變人生

只要下點功夫，
不生病的人生，
隨手可得。

長生免疫力

安保　徹

◉隨著年齡增加，免疫系統會改變

人體具備了兩種系統——與生物進化相關一開始就有的免疫組織，和新進化來的免疫組織。

自古以來就有的系統，是生物從單細胞不斷進化時，就被製造出來的。

多細胞生物，起初是個只有覆蓋身體的皮膚與連接口到肛門的腸管生物，皮膚常接觸海水，而海水中各式各樣的有害物質也會進入腸管裡面。

在吸入空氣和攝取食物的腸管，以及容易與外界異物接觸的皮膚上有巨噬細胞集結。然後巨噬細胞開始進化成ＮＫ細胞、胸腺外分化Ｔ細胞和初期的Ｂ細胞。腸管、皮膚、肝臟、外分泌腺和子宮等是屬於體內的監視系統。

新的免疫系統，是生物從水中移往陸地生活後才開始形成的。

從鰓呼吸變成了肺呼吸，為了讓循環系統發達而產生血管，因而使得灰塵等異物進入體內的機會也增加了，最後身體完成了新的變化。

鰓退化，殘存的一部分進化成胸腺，在此，淋巴球發展成Ｔ細胞和進化的Ｂ細胞。胸腺、淋巴結和脾臟是屬於對付外來入侵者的攻擊系統。

負責年輕時身體的是新的免疫系統。胸腺位於比心臟稍微高一點的位置，是個葉形器官，主要負責製造Ｔ細胞。

Ｔ細胞的前驅細胞（未熟細胞）是在骨髓製造，並且在胸腺接受訓練，能夠被選為具有辨識能力與戰鬥能力高的Ｔ細胞，只有全體的３％左右。

如果沒有胸腺，不論是扮演攻擊敵人時司令官角色的T細胞，還是製造抗體的B細胞，都無法發揮出戰鬥力。

很可惜的是，胸腺老化的很早，15歲左右成長到最大值，20多歲就會從高峰持續萎縮，到了40多歲就降到10分之1以下。年紀越大，老化的越嚴重，最後還會變成脂肪塊。

因此，20多歲之後，T細胞的數量會開始減少。隨著年齡增加，骨髓會隨之脂肪化、B細胞會減少、淋巴結和脾臟也萎縮了。

隨著年齡增長，只要因為免疫力下降或過剩而生病，就很難維持身體健康，會對生病懷抱很大的不安。

但是請不用擔心，因為人體免疫系統是由新、舊兩種系統共存於體內。在20歲開始的免疫系統會做好轉換。

以後隨著年齡增長，舊的免疫系統會活躍起來，而且會在具有守護身體基本功能的腸和肝臟裡製造出胸腺外分化T細胞、NK細胞和初期B細胞。

胸腺外分化T細胞，並不是胸腺所製造的精英司令官，而是如同武裝民兵一般，扮演著排除體內異常化細胞的角色。

隨著年齡的增加，體內的氧化物質也會增加，這會使得交感神經占優勢，釋放過多顆粒球的自由基將造成麻煩。

癌症、糖尿病、腦中風、膠原病等慢性病，大多是因為自由基氧化所引起，因此當發現體內有異常化細胞，系統就會開始運作去除自由基。

年輕時，會強化對抗外來入侵者的免疫系統，守護生命，隨著年齡增長，則會逐漸轉為開始監視體內出現的異常細胞，變成排除的免疫系統。

免疫系統會隨年齡增加而有所轉換。亦即從攻擊型新免疫系統，轉換到累積了熟練度與經驗值的舊免疫系統。

人的性格也會隨年齡改變。年輕時候，從什麼都不怕的攻擊傾向性格，逐漸轉變成圓滑又穩重的保守傾向性格。

這種性格的轉變或許正是免疫系統轉變的開關。

■舊免疫與新免疫

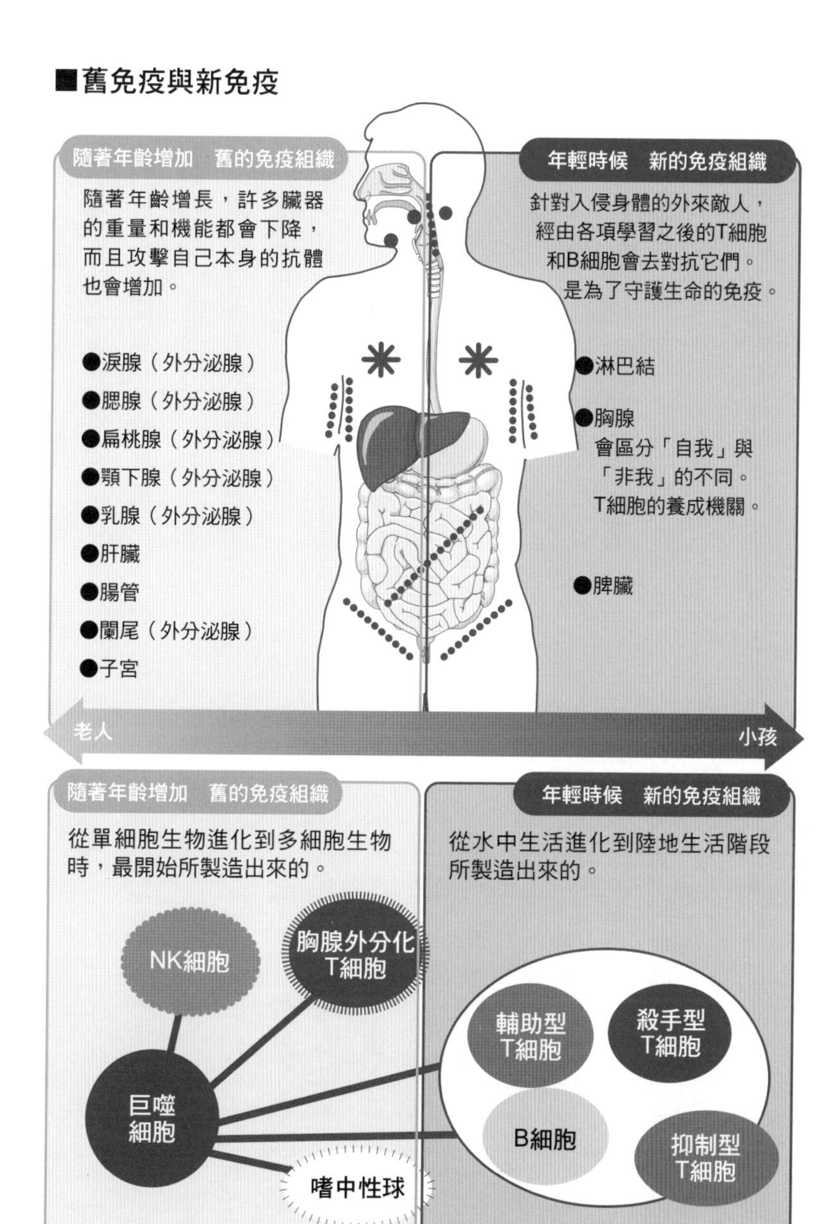
隨著年齡增加　舊的免疫組織
隨著年齡增長，許多臟器的重量和機能都會下降，而且攻擊自己本身的抗體也會增加。
●淚腺（外分泌腺）
●腮腺（外分泌腺）
●扁桃腺（外分泌腺）
●顎下腺（外分泌腺）
●乳腺（外分泌腺）
●肝臟
●腸管
●闌尾（外分泌腺）
●子宮
年輕時候　新的免疫組織
針對入侵身體的外來敵人，經由各項學習之後的T細胞和B細胞會去對抗它們。是為了守護生命的免疫。
●淋巴結
●胸腺
會區分「自我」與「非我」的不同。T細胞的養成機關。
●脾臟
老人
小孩
隨著年齡增加　舊的免疫組織
從單細胞生物進化到多細胞生物時，最開始所製造出來的。
NK細胞
胸腺外分化T細胞
巨噬細胞
嗜中性球
年輕時候　新的免疫組織
從水中生活進化到陸地生活階段所製造出來的。
輔助型T細胞
殺手型T細胞
B細胞
抑制型T細胞

長壽的祕密

石原結實

◉到高加索地區的長壽村學習

現在的日本人儘管希望能長壽，但對於如何能夠長壽，許多人都茫然未知。年金、醫療、照護等等，無法與長壽並進，因此也有人希望能早點死去。但是，人從出生開始會有80年的壽命，要如何度過是一件大事。

我想研究長壽者的生活，所以拜訪了好幾次被黑海和裏海所包圍的亞塞拜然共和國、亞美尼亞共和國和喬治亞三國等高加索地區的長壽村，打聽百歲人瑞的生活，並接受當地研究者的指導，也曾經受邀到長壽村的家庭中接受招待。

長壽者的肌肉比大家更發達、姿勢更端正，從開口大笑的嘴中露出潔白閃亮的牙齒，看起來像是年輕人，一點都不像是百歲的人瑞。

宴席開始之前，大家會先乾杯，說些「為日本遠道而來的客人乾杯」、「為感謝大自然乾杯」、「為長壽者和孩子們乾杯」等，「為了……乾杯」聲音不斷，用大玻璃杯裝著自家私釀的紅酒，咕嚕咕嚕地把它喝完。喝完酒之後，他們的臉頰微微發紅，感覺更有活力和精神了。

試著詢問長壽者的長壽秘訣為何？得到的答案第一名是「經常勞動身體」、第二名是「長壽者組合唱團每天唱歌」、第三名是「去打獵、多走路」、第四名是「到朋友家一起喝酒喧鬧」，這些都是長壽的秘訣。

90、100歲仍然感覺還很年輕，到了110歲或120歲終於感覺像老年人了。

長壽村的人都很喜歡聊天，給人家的

■高加索地區長壽村的秘訣

印象就好像一直拚命在講話似的。

長壽者不會獨自隱居起來，而是每天都會做些農務或畜牧類重體力的勞動工作。

長壽者的飲食，是繼承自上百年歷史的傳統飲食方式。

主食是用玉米粉做成的米糕粥、黑麵包，還有葡萄、蘋果、梨子、櫻桃、李子等水果，乳酪、酸奶（優格）、豆類。蔬菜方面則是以大蒜、高麗菜、洋蔥和紅蘿蔔為主。常喝紅酒、紅茶、花草茶。

肉類的攝取量方面，牛肉大約是每週1～2次，在白天食用100～150g左右，盡量用水煮而不用燒烤的方式來烹調，並去除肥肉部分。

魚肉也是大約每週食用1次，主要都是吃鱒魚之類的淡水魚。甜品方面盡量不使用砂糖，而是使用蜂蜜或乾果。

我曾多次拜訪在喬治亞專門研究長壽

學的谷谷奇亞教授和達拉其比利教授，聽他們上課演講的內容。我與他們討論後發現，長壽雖然是受到遺傳的因素、環境的因素和社會的因素共同影響，但是最重要的影響還是飲食。

長壽者飲食均衡而且各種食物都吃，每天攝取熱量不超過二千卡路里，午餐所占比例較重，晚餐吃的較少，感覺飽就不再多吃。因此，長壽者中沒有肥胖者。

我認為對長壽貢獻最大的是酸奶（乳酪）和乳清（優格上面透明清澄的部分）等乳製品。發酵食品有整腸的作用，對體內免疫活性的運作有很大的幫助。

長壽者飲用的花草茶有抗動脈硬化和抗血栓的作用。他們午餐還會喝自家私釀的紅酒200 cc左右。

料理用的鹽是亞美尼亞產的岩鹽。乳酪裡面也含有充分的鹽，蔬菜和水果所含的鉀可以藉由尿液和汗排出體外，就不用擔心罹患高血壓。

重要的是，每個人都經常勞動，而且都很尊敬老人，在這種大家族的制度中，每天都過著愉快又滿足的生活。

他們大約晚上10點就寢，早上6點起床。平均睡眠時間有8小時，中午也會睡一、兩個小時的午覺。

勞動者的身體肌肉不會衰退，也不容易滯留瘀血和水毒，即使攝取了過多鹽分，身體也會完全排泄出去。人們有著生存價值、人與人之間的關係緊密，在尊敬老人的社會中，沒有過多的壓力。

觀察長壽村可以發現，健康長壽的秘訣應該是能提升免疫力的生活方式。

利用最先進的基因科學研究發現，讓人類長壽的長壽基因和抑制長壽的老化基因，有50～100個左右。

兩種基因平常是處於開關關閉、如同睡眠的狀態，如何能讓長壽基因活性化、抑制老化基因的活性，就是長壽的關鍵。

在波士頓大學所做的健康長壽者的基因調查中指出，對長壽基因造成影響的因素是均衡的飲食、適度的運動和控制自己的壓力，換句話說，就是和生活習慣有密切的關係。

長壽的祕密也開始可以用科學方法來證明，長壽村的祕訣可以說是以傳統為根基的生活方式。

笑可招致福氣

福田 稔

◉笑是打開健康的大門

從前在電視上看到野獸濱口先生（濱口榮勝，曾是日本聞名全國的摔角明星，有「野獸」的外號），他是奧運選手濱口京子的爸爸。他總是心情好地喊著：「哇哈哈、哇哈哈、呼吸、呼吸」。

摔角是得集中注意力的競技運動，一天要練習3個小時，在練習前後，野獸濱口先生都會搭著大家的肩膀排成一列，在練習場來回走動並喊著「哇哈哈、哇哈哈」地做哇哈哈體操。

因為大家都不會覺得不好意思，所以我就去深入去了解這個行動。

在練習之前，交感神經占優勢，如果放聲大笑，會讓副交感神經占優勢而解除緊張的感覺。再加上同伴之間互相碰觸會產生連動意識，就可以集中精神練習。練習之後，一解除緊張狀態，整個人就會冷靜下來。

從自律神經免疫理論來看，這是個非常棒的健康方法。

我們隨時都可以做到笑。引發癌症等疾病，是因為交感神經持續緊張的狀態，就不怎麼笑得出來。因人際關係而苦惱，或是過勞的人，就不大有心情可以好好地笑了。

仔細檢視自己的生活，如果感覺好像很少有機會笑，就要多注意了。

實行自律神經免疫療法的醫生告訴我：「癌症和帕金森氏症等頑症的病患都不太笑，特別是帕金森氏症的病患更是根本就都不笑」。

我試著用心幫病患拍治療前和治療後的臉部特寫，發現完全不笑的病患，如果稍微開始微笑，病況就會有些許好轉。

首先提倡笑具有治癒力的人，是美國屈指可數的書評、評論誌《Saturday Review》前總編輯——諾曼．卡曾斯。

動機是因為治癒機率只有500分之1的重度膠原病。自己想盡辦法要治好病，卻因而產生不滿、憤怒、苦惱和絕望等消極情緒，導致免疫力下降，身體受到不良的影響。相反地，如果用積極的態度面對，例如可以持續保有希望、愉快和生存意願，即使生病也容易康復。所以大家可以多多觀賞喜劇電影、看有趣的書等。

研究結果發現，大笑10分鐘之後大約有2個小時可阻礙疼痛的感覺，就可以熟睡一會。最後他因為病狀改善了，將自己與病魔纏鬥的體驗和自然治癒力的可能性做為題材出書，當時（一九七九年）在美國成為暢銷書第一名。在那一年，他成為加州醫學大學的教授，並組成笑的效用研究團隊，繼續進行笑的研究。

日本也有醫生是研究笑的專家，即提倡生存療法的伊丹仁朗醫師。他在大阪的「難波Ground花月」（吉本興業）採取癌症和心臟病患的血液，調查研究觀看表演前後的血液變化。

經過3個小時的大笑之後，19人當中有14人的ＮＫ細胞被活化，對抗癌症的免疫力也提高了。

ＮＫ細胞是淋巴球的一種，人體每天長出的三至五千個癌細胞，會被大約50億個ＮＫ細胞攻擊破壞。

調查增強免疫力的輔助T細胞，與抑制免疫過剩反應的抑制T細胞的比例，發現會使比例低的人提高，使比例高的人降低，讓大家都會接近正常範圍值。他並且預測，即使對於免疫力下降的疾病、與自我免疫相關的疾病，都會帶來好的影響。

另外，在阪神、淡路大震災等災難之後，身處悲傷及憤怒的壓力狀態下，ＮＫ細胞的運作功能就會下降。

根據日本醫學大學名譽教授吉野槙一的研究，以聽林家木久藏大師的落語前後，對女性關節風濕病患26人採集血液，進行疼痛程度與炎症的研究，將做為指標的白細胞介素（Interleukin-6）、壓力荷爾蒙和皮質醇（cortisol）的變化與37位健康女性參加者做比較。

光是笑1個小時，風濕的疼痛就能減輕，白細胞介素的數值大約下降了3分之1，大部分人的皮質醇數值也都下降了。而健康的人從一開始就維持在正常值，之後只是略有變化而已。

另外，基因層次有筑波大學名譽教授村上和雄教授的研究報告。

讓平均年齡63歲的糖尿病病患第1天聽演講，第2天聽漫才（類似相聲），在完全相同的飲食狀況下，同一個時間進行用餐前後的血糖值測量。

第一天，糖尿病病患在聽完演講之後，血糖值平均上升到123㎎。到了第二天，這些人在觀賞完Ｂ＆Ｂ的漫才表演之後，血糖值平均上升到77㎎。可見光只是笑，就可以抑制血糖值上升46㎎之多。

讓血液運送氧到全身細胞的量增加的基因、合成蛋白質與促進新陳代謝的基因等，64種基因的開關開啟了，就會表現出有益於健康的方式。笑的功效在基因層次方面也逐漸明朗化。

或許有許多人在意笑會增加皺紋。外觀上，笑是為了刺激臉部表情肌肉的肌肉，隨著年齡增長可以預防臉部表情肌肉的衰退。不但不用擔心緩和的笑，開懷大笑甚至還能帶來健康呢！

附帶一提，笑可以消耗卡路里，笑3分鐘半可以消耗掉11卡路里，相同的3分鐘半時間內，游泳大約可以消耗掉18卡路里，快走大約可以消耗掉17卡路里左右。

笑是沒有副作用的治療法。抽筋似的連續笑，會使笑頻傳染出去，使周遭的氣氛變好，帶來很大的治療效果。正如同大家所熟知的「笑能招致福氣」、「笑勝於化妝」。

長壽者自動產生體溫偏低的節約模式

◉**以八分飽與午睡為目標，還要笑**

有一次，在我演講完最後，有位92歲的老奶奶提出一個問題。

「為什麼醫生你不是說維持36.5℃的體溫，而是要維持35.5℃的體溫呢？」老奶奶向我詢問健康長壽的疑問。

以100歲左右的長壽老人為調查對象，發現雖然日本人的平均壽命很高，但是人口1億的日本，長壽老人只有2.6萬人，而美國人口2億，長壽老人有8萬人，美國的長壽老人人數竟然是壓倒性的勝出。長壽老人的特徵大多是，膚色白、偏瘦、35.5℃的低體溫。

以人類來說，能活到80歲左右就算是健康長壽的人了。臉色比較好、比較活躍、腰比較輕、散步的時候具有強烈好奇心等的人比較有活力。

但是到了90歲、100歲，為了要持續活下去，維持低體溫的節約模式比較有利。

如果以85歲以上的長壽為目標，從現在開始就要讓身體變成比36.5℃還低的節約模式體溫，還有要常保微笑讓精神安定、不要吃太飽等也都是長壽的條件。

即使年輕的時候皮膚黑，上了年紀之後膚色開始變白，就有可能開始邁向長壽老人之路。

在日本造成長壽話題的人是聖路加國際醫院的97歲日野原重明老先生。

這位老先生的飲食方式是早上喝果汁和湯等飲料，1杯中加入1匙橄欖油；中午吃餅乾和牛奶，晚上以普通飲食量的八分飽為原則。遇到宴會等場合的時候，雖然無法做到上述的飲食，但是會利用3天的時間來調整好自己的飲食量。

我們從日野原老先生身旁的親友得知，老先生很自豪自己能在短時間內熟睡，想睡的時候也能夠睡。

中午時，即使有時睡不著，也會利用20～30分鐘左右的時間休息，以提高免疫力。這就是導致體內褪黑激素增加、自由基減少的原因。

養成睡30分鐘左右午睡的習慣，可以抑制老年癡呆症發病的風險。想要健康長壽的人，請養成午睡的習慣。

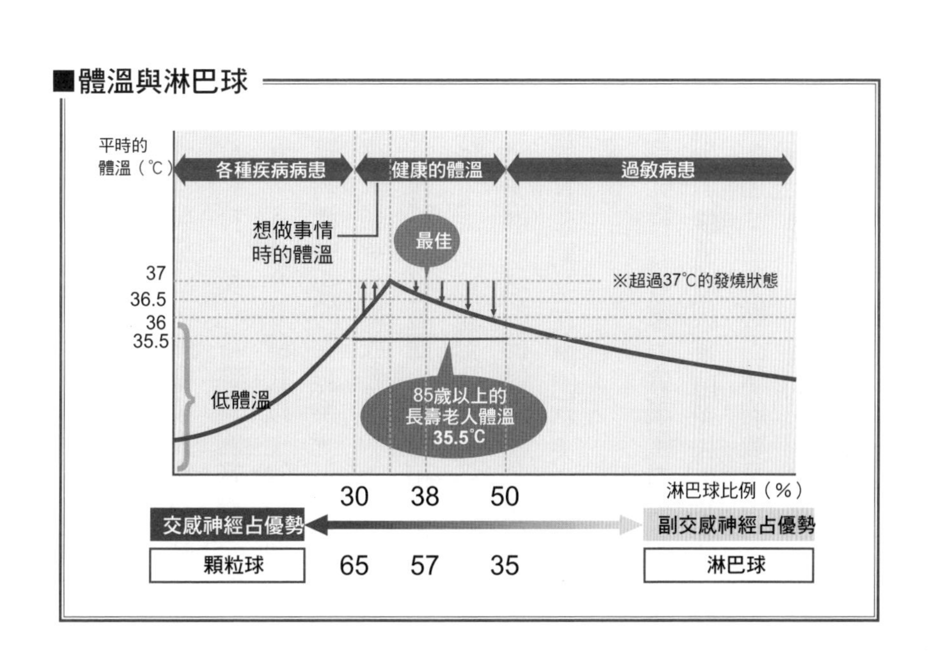

運用音樂的療癒力

◉療癒的聲音是「大自然的聲音」（f分之1律動的自然音）

音樂有許多功用。在平安時代，琴與橫笛的聲音會引發鄉愁；戰國時代，使用海螺與太鼓的聲音來振奮人心、提高戰鬥力；現在的音樂則可以表現出不同的文化，而且還能調和人心。

音樂經由數不盡的音階和旋律所組成，可以取悅耳朵和內心。連我自己經營的希波克拉底養生機構也有附屬的卡拉OK室。

古希臘數學家畢達哥拉斯（Pythagoras）提倡「音樂可以治癒人們混亂的精神」。在現代，音樂的醫學作用逐漸被証實，發現音樂可以為疾病所苦惱的現代人帶來很大的幫助。

提到音樂療法，就會讓人聯想到耳熟能詳的莫札特。莫札特豐富的音樂，具有3500～5000赫茲以上的高周波，會從脊髓刺激腦部的神經系統，使副交感神經活躍，讓身心都放鬆。

埼玉醫科大學短期大學的和合治久教授研究指出，高周波作用在延髓的副交感神經，使淋巴球的機能恢復，讓能攻擊癌細胞的NK細胞在淋巴結末端變成1.2～1.6倍。

聽莫札特的音樂，會讓壓力荷爾蒙皮質醇減少，讓免疫球蛋白A（IgA）抗體的量增加2倍，淋巴球的數量也急速增加。運動後聽莫札特的音樂，會讓心跳數和血壓值的恢復都提早大約3倍的時間。

也有報告指出會促進胰島素的分泌，使血

糖值下降。另外，在聽了莫札特的音樂之後，像是老人癡呆症型的失智症和帕金森氏症也會有所改善。

這就是因為感到舒適愉快的「f分之1的律動」有著良好的平衡，會提升放鬆的效果。

「f分之1的律動」是指小河的流水聲、風的吹拂聲和波浪聲音等大自然中具有療癒的旋律。人感到舒適愉快時會出現α波的腦波。因為要與心臟跳動所產生的律動相呼應，所以接受外界律動的聲音，能讓身體處於最安心的環境中。

聽音樂的時候，耳機要調整到讓自己感到舒適愉快的音量，以早上和下午各1次，分別聽30分鐘為目標，集中精神聽音樂比較能夠改善疾病的症狀。

不只是能聽莫札特的音樂，像是一些深植心中的歌曲、絕美的歌詞、喜歡的歌手或是能平靜內心的音樂等，都可以讓副交感神經占優勢。

像我自己每天早上都會聽安保醫師的演講會CD，從耳朵流入的津輕地方的方言，會讓我整個人打從心底溫暖起來。

◎重新檢視自己的生活態度

許多疾病產生的原因都是來自壓力，所以治療疾病時，最重要的就是找出應對壓力的方法。但是，不需要讓自己100%沒有壓力，因為那樣會太過勉強。

因此，我常常對病患說：「不可以累積壓力」、「要記得消除壓力」。

首先，只注意到有壓力的事情也沒關係。因為這個煩惱是產生疾病的原因，注意到這件事，就可以減少身體的負擔。但是如果過於煩惱而生病，就應該要好好檢視自己整體的日常生活。

減少工作時間、與上司的關係不要想的太嚴重，或者就寢時間等都要考慮進去，找出各種可能的改善點。

我自己也生過大病，所以我相當清楚，一旦生病就無法入睡或是血壓上升，然後疾病的症狀就會更加惡化。

自己能夠感受到壓力很重要，因為這樣可以回顧到疾病發生前的狀態。如果可以回顧疾病發生前的狀態，就可以發現治療疾病的方法了。

像我自己的壓力來源是過於專注「想努力治癒疾病」和「想要治好」等心情上的原因。

我從早上6點半~7點開始治療病患，一整天下來，要診療60~70位病患。剛開始的時候，我很在意病患的身體狀態，所以也必須承受病患個人的感覺。

現在我每天走路1個小時、泡澡溫熱身體、晚上9點就寢，這樣完全不會勉強自己。在田間耕作種一些農作物、自己烹煮蜂斗葉味噌，靠自己的努力得到快樂。

除此之外，我在治療1位病患的過程當中，至少會空出1個禮拜的時間，讓病患產生自我治療疾病的獨立心。病患自己努力治療疾病後，就一定不會再傾向依賴醫生的治療。

疾病能否治癒，全憑病患的生活態度。去觀察無法順利治癒疾病的人會發現，他們無法停止過度工作、持續睡不飽，完全過著讓免疫力下降的生活方式。當治療成效不彰，就開始不怎麼配合治療，容易導致病情拖延。

最後，病患如果不好好檢視自己的生活態度，很難治癒疾病。我們醫師的支持與鼓勵對治癒疾病只有5％的幫助，其中，治療技術大概只有3％的幫助。

仔細檢討自己的生活方式，在不勉強的情況下，改善自己生活作息而治癒疾病的病患，結果免疫力都提高了，因此疾病也都消失了。

「專欄7　安保徹」

嗜好物的享用方式

如果選好時間、地點和分量來享受酒、香菸和咖啡等，可以活用讓人放鬆的效果。

壓力大的人比較需要藉由酒、香菸和咖啡等來達到放鬆的效果。

雖然現在大家都很討厭抽菸這件事，但是，本來菸草的尼古丁就是直接刺激副交感神經，具有讓人放鬆作用的物質。

酒精滲入體內後會造成如同排泄異物般的反射反應，在開始喝酒的1～2個小時內，副交感神經占優勢，就能使身體放鬆、減輕壓力。

咖啡含有咖啡因成分，會活躍交感神經的運作、提高血壓和脈搏，並且產生促進消耗能量的功效。早上起床之後，或是在工作場所每3個小時喝1杯咖啡，可以對頭和軀幹產生作用，是會讓人恢復精神的飲料。但若是喝太多，會導致自律神經失衡。

咖啡

咖啡具有促進血管收縮擴張、使血液流動順暢與活躍交感神經運作的功用。

但有報告指出，懷孕中的婦女如果喝太多咖啡，會造成血管收縮，導致增加胎兒死亡和流產的風險。此外，狹心症病況嚴重的病患也要控制咖啡的飲用量比較安全。

香菸

將菸管塞進菸草葉片，輕鬆愉快地薰著菸，這也是長壽的祕密藥方。但是容易取得香菸與打火機，就可能導致吸過多的菸草。吸菸者會將有毒物質排放給周遭的人，因為香菸在低燃燒溫度下，會製造出高濃度的有害物質，導致周圍的人受到二手菸的傷害。

酒

加熱水溫熱的燒酒與燙熱的日本酒，都是能讓身體不發冷的好東西。剛開始喝酒的時候，副交感神經占優勢，使血液循環變好、臉色變紅，而且能促進排泄作用。持續喝酒會刺激交感神經，使臉色發白、脈搏加速，而且還會宿醉。酒類容易導致嚴重上癮和產生抗藥性，所以請適量飲酒。

附錄　特別篇

萬一
我罹患癌症

針對個人身體狀況，
想出可行的應對方針
與配合方法。

附錄

萬一我罹患癌症

安保 徹

◉努力讓副交感神經占優勢

「過著勉強自己的生活方式」和「心中有煩惱」是形成癌症最大的原因。像我自己總是很注意不要過度工作，但是萬一我還是罹患癌症，我想這是身體對我發出「請適當調整工作方式」的訊息。

要立刻轉換方式。許多人雖然也認為健康很重要，但還是會認為，如果可以，想竭盡所能做好工作。因此，一般都是在生病與健康的邊緣中生存著。然而即使是生病了才開始回頭檢視自己的生活，也不會太遲。

還有一點，我自己有耿耿於懷、放心不下的煩惱。萬一我罹患癌症，內心的問題導致癌症發生的可能性比較高。工作上的事情、職場的人際關係、為家族的事情所苦惱等，總是沒完沒了。因為我這種個性，到了這個時候就一定要好好檢視自己。為了要解決掉許多煩惱，不致造成不良影響，應該要多注意這部分。

我想，和追究原因同樣重要的是，如何讓身體變好並提高自身的免疫力。

在生病之前，任何人都不能掉以輕心。因此，如果罹患癌症，就要徹底改善自己的身體狀況。

第一，記得要溫熱身體。每天持續利用泡澡和熱水袋來溫熱身體。

另外，第二是要深呼吸。因為癌症是因血液循環障礙，導致血液中的氧不足所引起。

第三是飲食。雖然現在都有在注意飲食，但是要更徹底實行糙米蔬菜飲食法。

另外，現代醫療的診斷能力很強，醫療機構只要幫我確認我是否已痊癒即可。

癌症的三大療法中，我只接受使用外科手術。但是當體力達到臨界，手術也有可能會有負面效果。這些事情在罹患癌症時都要想清楚。

■治療癌症的4個要點

1　好好檢視壓力過大的生活模式

如果可以做到「只要達到目標的七成就好」，就不會造成精神上的壓力，也不會有肉體上的負擔。

2　放掉對癌症的恐懼

癌症絕對不是可怕的東西。與其說是癌細胞，到不如說是「虛弱的細胞」。擁有戰勝癌症的心理準備很重要。

3　不要接受會抑制免疫的治療方式

如果接受錯誤的三大治療方式，癌症絕對無法治癒，有的時候甚至還會使病情更加惡化。

4　積極刺激副交感神經

多食用糙米和食物纖維多的食物。此外，小魚、小蝦和發酵食品等，大多含有完整的營養素。

附錄

萬一我罹患癌症

石原結實

◎實踐健康長壽

我已經接近40年完全沒有生過一次病，直至今日仍然很健康。這都是拜愛喝胡蘿蔔蘋果汁與每天運動練肌肉所賜。

即使是在像這樣健康的身體中，還是會每天產生癌細胞。雖然會產生癌細胞，但是如果可以強化能淨化血液的排泄力，與可以處理癌細胞的白血球能力，就不用擔心。

現在，我每天上班都是從伊豆的自宅開車到伊東車站，從伊東車站搭在來線到熱海，再從熱海搭新幹線到東京，之後從東京搭計程車到診所。從家到東京的診所總共要花2個半小時，而且每週要往返4～5次。

校對原稿和讀書都是在新幹線上進行，新幹線變成像我的書房一樣。

我忙碌於電視與廣播的演出、全國各地的演講會、收集題材、寫書和診察病患等工作，幾乎都沒有時間休息。

每天回家後，我會去慢跑3～4公里，到了傍晚還會繼續做重量訓練。即使是現在，我還能臥舉100 kg、蹲舉150 kg，與學生時代獲得輕量級舉重優勝時，做相同的強度訓練。

過了46歲之後，我開始有點發福，所以午餐的時候就不吃麵。我早上會喝2杯胡蘿蔔蘋果汁，中午喝2杯生薑紅茶（添加黑砂糖），晚餐喝1大瓶啤酒和燒酒1～2合或是日本酒1合，而螃蟹、章魚、蝦子、烏賊和貝類等海鮮料理只吃1～2種。飲食多以1碗飯、味增湯、納豆、豆腐和醃漬物的和食套餐為主。如果肚子餓，在中午的時候就稍微吃一點甜點、巧克力或是餅乾。

萬一我罹患癌症，我會利用健走、泡澡或三溫暖來溫熱身體，再更努力少食，並在胡蘿蔔和蘋果中，加入高麗菜一起打成蔬果汁飲用。

每天身體力行這兩種方法，癌症就比較不容易找上你。

我現在的使命，就是廣泛推廣高加索區長壽者的生涯狀況與健康法。

用重量訓練鍛鍊出肌肉。

這就是我所提倡的胡蘿蔔蘋果汁和生薑紅茶。

附錄

萬一我罹患癌症

福田 稔

◉實踐三件事情

萬一罹患癌症和疾病的時候，有三件事情要實踐。

首先是實踐五觀。

開祖道元禪師的曹洞宗，以「赴粥飯法」表示飲食作法，禪宗僧侶的飲食作法之一，是吃飯前要做五種觀想法。

第一，計功多少，量彼來處。

第二，忖己德行，全缺應供。

第三，防心離過，貪等為宗。

第四，正事良藥，為療形枯。

第五，為成道業，因受此食。

這是自然的恩惠所給予的食物、花費許多勞力和時間才得到的飲食，反省自己的人格和所做所為是否有資格承受這些飲食。不要存有貪心與憤怒，了解各種因果道理，不要有愚痴的心，也不要對飲食產生特殊喜好的分別。飲食是在治療肌餓和口渴，是避免肉體枯死的良藥。為了成就人間大業，因此而飲食。

用餐之前，一定要先問問自己的內心、檢視自己的所作所為。

第二件事是實踐「鬼出去，福進來」。利用溫熱身體、放血和飲食療法，促進身體徹底排出有毒物與老舊廢物。

第三件事是調整自律神經的平衡。活用不要讓自己有壓力、指頭按摩療法、自律神經免疫療法和笑等所有方法。特別是能打通氣的髮旋療法，進行頭寒腳熱的治療。通常接受這類治療後，許多人都變得不容易感冒。這就是對應古時候所謂的「感冒是萬病之源」（也包含癌症），的一個方法。

這個研究開始已經過了15年。我從二

〇〇〇年開始，一直到二〇〇三年的這3年間，深受瞑眩症所苦。但是，到了二〇〇六年開始，有了21世紀的治療法。

要去能約束自我作為的修行場所——這個理論的基礎，是從病患身上學到的。

這就是所謂的「治療正是有其理論根據」。

謝謝大家！

治ってこそ理論がある
二千九年一月十二日
福田稔

我1個月會去東京目白所舉辦的研究會（實習）1次。

本書共同執筆的三位醫師，是醫師之路、經驗、年齡與生活環境迥異的三位醫師。這三位醫師都是為了讓人不生病而研究醫學，並且透過許多書籍得到啟發。本書的企劃經由拜會、訪談三位醫師，才得以共同完成。

◉安保徹醫師

之前就已經知道安保醫師是位非常努力的人。常常會控制自己的內心，不會隨便處理受委託的工作，並且會盡速用信件、電話或電子郵件回覆讀者的諮詢。在這種不拘世俗的看法中，可以窺見他以強烈且無法動搖的信念在執行著自己的免疫理論。

他喝了酒就會唱千昌夫的《味噌湯之歌》和水森薰的《鳥取沙丘》，與熱衷研究醫學的樣子不同，給人一種哀愁與溫情的感覺。

◉石原結實醫師

非常感謝石原醫師，首先是因為我們以前沒有嘗試過斷食療法，所以不知道效果如何，直到去了伊豆的斷食道場，經過3天2夜的斷食體驗，才第一次遇到石原醫師。我們為了讓各位讀者了解真正的情形，所以瞞著石原醫師去體驗。在斷食道場裡面，每天喝胡蘿蔔蘋果汁和生薑紅茶，第2天晚上開始出現好轉反應，不會腰痛、沒有嚴重的心律不整，也沒有睡眠上的問題。第3天星期日做診察，剛觸診就發現胃的周圍有波掐波掐的聲音，所以研判是水毒。在斷食最後一天早上，嘴巴裡面感覺苦苦的，類似排泄物的真實感。

不喝水，改成只喝3杯生薑紅茶，就治好了令人苦惱的心律不整，而且也改善了我原本乾燥的皮膚。現在每天早上也繼續飲用3杯生薑紅茶。

與醫師閒談之間，能讓人在短時間內得到準確的診斷與指導。石原醫師本身肌肉發達、動作輕盈、記憶力異常好、血液循環與氣的流動都很不錯，是位相當厲害的醫師。

◉福田稔醫師

自從打電話去福田醫院報名參加東京的研究會，才認識福田稔醫師。在研究會當中，被醫師指出我的身體狀況最糟糕，於是進行治療。我的臉頰總是呈現紅紅的不良瘀血狀態，因此盡速展開自律神經免疫療法。結果出現無法想像的疼痛感，還殘留有瘀青。儘管疼痛相當強烈，但眼睛變清晰、身體變輕，而且在此之後，都不曾發生臉部瘀血的情況。與許多病患談話中得知，他們不選擇使用抗癌藥物治療，而是同時實行飲食療法與溫熱療法，在病患的眼中，我看到了希望，並且也因為病症確實改善了而感動不已。醫師樸實的方式、對醫療採取謙虛的態度，感覺他充滿了溫柔與體諒。

最後的治療如果採用三位醫師的治療法，我想會有「如虎添翼」般的效果。

在此特別感謝三位醫師的通力合作。

編輯部

Note

提升免疫,戰勝疾病：日本三大名醫解密非常識健康法/安保徹, 石原結實, 福田稔作；連程翔譯. -- 初版. -- 新北市：世茂出版有限公司, 2024.12
面；　公分. -- (生活健康；B509)
ISBN 978-626-7446-39-3(平裝)

1.CST: 家庭醫學 2.CST: 保健常識
3.CST: 健康法

429.3　　113014541

生活健康 B509

提升免疫，戰勝疾病：日本三大名醫解密非常識健康法

作　　者 / 安保徹、石原結實、福田稔
譯　　者 / 連程翔
主　　編 / 楊鈺儀
責任編輯 / 陳文君
封面設計 / 林芷伊
出 版 者 / 世茂出版有限公司
地　　址 / (231)新北市新店區民生路19號5樓
電　　話 / (02)2218-3277
傳　　真 / (02)2218-3239（訂書專線）、(02)2218-7539
劃撥帳號 / 19911841
戶　　名 / 世茂出版有限公司
單次郵購總金額未滿500元（含），請加80元掛號費
世茂網站 / www.coolbooks.com.tw
排製版版 / 辰皓國際出版製作有限公司
印　　刷 / 傳興彩色印刷有限公司
初版一刷 / 2024年12月

ISBN / 978-626-7446-39-3
ESBN / 9786267446423（EPUB）/ 9786267446416（PDF）
定　　價 / 500元

※本書原名為《人體免疫抗病醫學書：打破偽常識，啟動防疫自救力》，現更名為此。